# 没有人能让我不快乐

[德] 福尔克尔·基茨　　[德] 曼努埃尔·图施　/ 著
（Volker Kitz）　　　（Manuel Tusch）

杨梦茹 / 译　　　　董婧　陈君　程凯琳 / 审校

德国经典畅销心理课

Psycho?
Logisch!

中信出版集团 | 北京

## 图书在版编目（CIP）数据

没有人能让我不快乐：德国经典畅销心理课 /（德）福尔克尔·基茨，（德）曼努埃尔·图施著；杨梦茹译. -- 北京：中信出版社，2025.7. -- ISBN 978-7-5217-7738-3

Ⅰ.B84-49

中国国家版本馆 CIP 数据核字第 2025AJ3211 号

PSYCHO? LOGISCH! by Volker Kitz and Manuel Tusch
© 2011 Dr. Volker Kitz, Dr. Manuel Tusch
First published in 2011 by Wilhelm Heyne Verlag, München, in der Verlagsgruppe Random House GmbH
Umschlaggestaltung: Eisele Grafik-Design, München
Published by arrangement with PAUL & PETER FRITZ AG, Literary Agency, Zurich through Bardon-Chinese Media Agency
Simplified Chinese translation copyright © 2025 by CITIC Press Corporation
ALL RIGHTS RESERVED

没有人能让我不快乐：德国经典畅销心理课
著者：　［德］福尔克尔·基茨　［德］曼努埃尔·图施
译者：　杨梦茹
出版发行：中信出版集团股份有限公司
　　　　　（北京市朝阳区东三环北路 27 号嘉铭中心　邮编 100020）
承印者：　北京通州皇家印刷厂

开本：880mm×1230mm 1/32　印张：6.75　　字数：136 千字
版次：2025 年 7 月第 1 版　　印次：2025 年 7 月第 1 次印刷
京权图字：01-2025-2739　　书号：ISBN 978-7-5217-7738-3
　　　　　　　　　　　　　　定价：42.00 元

版权所有·侵权必究
如有印刷、装订问题，本公司负责调换。
服务热线：400-600-8099
投稿邮箱：author@citicpub.com

# 目录

**前言**
通过心理学技巧，把寻常的日子过得更好 IX

· 01 · **重构**
做每件事都不顺时，如何调整情绪 001

· 02 · **习惯化**
年假多分几次休，你会更快乐 007

· 03 · **基本归因错误**
别把罪过都推到别人身上 011

· 04 · **图式与启动**
如何与讨厌的同事改善关系 015

· 05 · **社会比较理论**
向上比较只会让人不开心 019

· 06 · **真实感受与虚假感受**
　　压抑感受会导致我们生病　023

· 07 · **面部反馈假设**
　　改变表情让你拥有快乐的一天　027

· 08 · **自证预言**
　　思想可以控制即将发生的事吗　031

· 09 · **知觉类别化**
　　越是幸福的夫妻越要懂得分类　035

· 10 · **积极倾听**
　　为什么大多数婚姻关系以失败收场　039

· 11 · **认知失调**
　　为什么明知是错误的选择却仍顽固到底　042

· 12 · **意象训练**
　　可以救你一命的想象实验　047

· 13 · **自我中心主义的陷阱**
　　如果想挽救婚姻，时不时换位思考一下　050

## 目录

- 14 · **优越错觉**
  为什么我们总是错误地判断自己　054

- 15 · **同情与同理**
  看到坑里有人，你会跳下去吗　059

- 16 · **投射与倾听**
  提建议可能会伤害对方　062

- 17 · **锚定效应**
  薪资谈判的秘诀　065

- 18 · **可得性偏差**
  常与肺癌患者打交道的医生，吸烟的概率更低　069

- 19 · **首因效应与近因效应**
  如何给面试官留下最深的印象　073

- 20 · **光环效应**
  如何打造自我魅力　076

- 21 · **适应压力源**
  面对压力的最佳解决方法　080

· 22 · **自我效能感**
你现在不快乐的理由　085

· 23 · **自我暗示**
如何重拾对生活的控制感　089

· 24 · **控制的错觉**
阴谋论源自大脑的彷徨无助　093

· 25 · **人为稀缺性**
单身的人一定要知道的事　097

· 26 · **简单暴露效应**
如何让人从心底里喜欢你　100

· 27 · **相似性原则**
毁掉婚姻的不是"浴室里没拧紧的牙膏盖"　105

· 28 · **平衡理论**
为什么家庭聚会从一开始就不是轻松愉快的　109

· 29 · **互惠好感**
如果遇到相看两厌的同事　113

## 目录

- **30** · **睁大眼睛**
  为什么我们喜欢小北极熊甚于小蜘蛛　117

- **31** · **共通性与双赢**
  冲突也可以成为动力　122

- **32** · **如何轻松得到他人的帮助**
  共情-利他假说和消极状态解除假说　127

- **33** · **条件反射**
  不规律的惩罚等同于间歇性的强化　131

- **34** · **心灵净化**
  压抑情绪会造成无意识的痛苦与病症　134

- **35** · **从众行为**
  为什么我不能说不喜欢　139

- **36** · **旁观者效应**
  遇到危险时，选定一个人求助　144

- **37** · **心理逆反**
  如何让别人心甘情愿地帮忙　149

- **38 · 禀赋效应**
  为什么你不爱扔家里那些没用的东西 152

- **39 · 思维定式**
  当你突然想不起一个熟人的名字 155

- **40 · 过度理由效应**
  外在奖励能否增加动力 158

- **41 · 变化盲视**
  为什么你对变化视而不见 162

- **42 · 闪光灯记忆**
  大脑如何伪造事实 166

- **43 · 偏见**
  为什么认定女人不会停车，男人不会倾听 169

- **44 · 沟通的四维模型**
  为什么男人和女人无法沟通 174

- **45 · 同步环境感知**
  为什么坐电梯时我们不会直勾勾地盯着别人 177

· 46 · **聚光灯效应**
真的有你想象中那么尴尬吗 180

· 47 · **冲动控制**
不要立刻满足孩子的愿望 183

· 48 · **一心多用**
多任务处理与天赋和性别无关 186

· 49 · **潜意识**
好酒沉瓮底：你永远有理的诀窍 189

**参考文献** 191

**前言**

## 通过心理学技巧，
## 把寻常的日子过得更好

这位尖刻的心理学家是个无趣的存在，他的童年历经艰辛，偶尔还备受冷落。

他将自己的人生描述为"一把辛酸泪"。正因为他尝尽了人生的痛苦，所以他渴望帮助别人，希望别人能拥有他曾错失的那些东西。

经历了35个学期的漫长等待（因为有严格的名额限制！），他终于获得机会进入一所偏远的大学就读。是去比勒费尔德，还是去蒂宾根上大学好呢？为此，他伤透了脑筋。他最终搬进了5人合租的公寓，晚上甚至有室友从房门下的缝隙偷偷塞纸条进来，纸条上写一些"昨天晚餐时你说的话，让我感动不已"之类的令人动容的话语。

对他而言，学习是一种自我疗愈，这从他全身心的投入中就能看出端倪。他在充满热烈讨论的课堂上，经常以"我以前的心理治疗师告诉我……""不，但我的心理治疗师认为……"为开场白进行深入讨论。对这位心理学家来说，讨论非常重要，因为大部分事情"不能听之任之"。

在完成了120个学期的课，认识并反思自己的经历与行为之后，他其实什么也没学会，更别提能与他人展开讨论了。

原因很简单：他要么一直在修复自己过去的创伤，要么忙于完成统计学教授留给他的令人抓狂的数据分析作业。

他既惊讶又迷惑，因为此前没人告诉过他，心理学其实与数学密切相关。他觉得这实在太可恶了，甚至开始怀念那段等待入学的美好时光。

（顺便提一下：心理学有个秘密武器，只要实验样本量足够大，就几乎能用统计手段"证明"任何结论，或者只用几个数字就能巧妙地歪曲事实。例如，你如果不喜欢本书中的某段叙述，只需多翻阅一些专业书，或者自己做试验，几乎就能"证明"某些观点是错误的。）

当然，也有可能他之所以注意力不集中，是因为已为人母的女同学在课前给孩子喂奶——她们当中有些人在等待正式入学前的那段时间怀孕生子。后来，这种浓厚的家庭氛围让他深信，人生中的一切都可以追溯到婴儿时期的经验。此外，这些哺乳的母亲还确信，她们的孩子已经通过母乳摄取了人类心灵的源泉（至少他没在课堂上看见狗——隔壁教育系放任小狗在教室里东奔西跑）。

总之，他的文凭大概与一张华而不实的证书差不多——那些仅限于满足虚荣心、无助于职场竞争的证书，比如一张证明自己有能力在阿尔卑斯山上用真假声转换引吭高歌的证书。这就是为什么心理从业者必须不断参加收费高昂的在职培训，包括心理治疗、咨询、监督和辅导。他一生都要为这种培训花钱，而这对他的快乐却没有多大帮助。

心理学确实是一个覆盖面极广的学科——为了帮你省下苦读的力气，我们写了这本书。

相信你会认为心理学非常有趣，而且非常实用。

本书探讨了这样一个问题：我们究竟是如何运作的？我们把时间花在各种琐事上，可是竟然很少认真思考这个与每个人都密切相关的问题。与此同时，心理学还能告诉我们，周围的人是如何运作的——这对大家来说同样实用。因为有了"使用说明书"，我们过起日子来总是比那些一头雾水的人轻松愉快得多。

借助一些心理学技巧，我们可以把寻常的日子过得更愉快，也更有掌控感。你是否想使用这些诀窍对自己好一点儿，或者为所有人打造一个更美好的世界，这完全取决于你。因为若能知道自己与其他人是如何运作的，至少能重新掌控自己的日常生活——起码能掌控一部分。本书会为你提供丰富的心理学相关知识。

从今以后，你可以在聚会上侃侃而谈啦！毕竟，厨房里多的是厨房心理学家！本书能帮你在日常生活的心理迷雾中找到方向。

你将学会听懂心理学家说的话,甚至能加入讨论。本书不仅能为你解释这个世界,而且能帮助你处理生活中遇到的各种各样的状况,因为每一种心理学知识都能运用于日常生活,都能帮助你更好地理解自我、影响他人,从而更顺利地达成人生目标。

很高兴我们能就此展开对话……

祝你在阅读和分析中收获愉快和实用的自我洞察。

福尔克尔·基茨博士、曼努埃尔·图施博士

慕尼黑/科隆,2011年夏

# 01 | 重构
## 做每件事都不顺时，如何调整情绪

重构是心理治疗中非常有效的方法之一，它能帮助你在日常生活中更加放松。

今天对你来说至关重要，不幸的是闹钟坏了，你起得太晚，偏偏又没睡好。你先是在浴室里撞到了大脚趾，接下来咖啡机又罢工了。正当你急匆匆地冲出家门的时候，大衣上的一颗纽扣儿应声掉落，巧合的是鞋带也断了，真是祸不单行。走在人行道上，你冲着误闯人行道的疯狂骑行者咆哮，你得深呼吸3次才能恢复镇定，再把泡在水坑里的公文包捞起来。一番折腾后，你要乘坐的公交车已驶离车站。你好不容易走进办公楼，电梯却迟迟不来，急死人！当你终于到达16层的董事会议室时，腋下早已湿透。

诸如此类的"奇遇"就像一条贯穿一整天生活的线。

这一天即将结束时，你的约会对象没来赴约，她给出的理由冠冕堂皇："嗯，我怕被你伤害。"

当你累得像一条狗，只想把头埋进枕头时，赫然发现一只拳头大小、黑毛的八足小动物——蜘蛛。它已经在你的被窝里安营扎寨。你觉得自己这一天过得怎么样？

说实话，一个大致有条理、稍微正常点儿的平凡人此时早就已经崩溃放弃。还有些余力的，也许会给这一天做总结："该死的一天！"

那么，怎样能解救自己并让这该死的一天变好呢？

认真对待自己的感受当然很重要，即便是不好的感受！更多关于"心理健康"的详细内容，详见第34章"心灵净化：压抑情绪会造成无意识的痛苦与病症"。

然而，我们经常因额外的负面情绪而陷入恶性循环，也就是所谓的"自证预言"，下文会详细说明（详见第8章"自证预言：思想可以控制即将发生的事吗"）。你会发现，一切只会越来越糟，越来越难以收场。

不过别担心，我们不会对你倾吐宇宙的诞生之类的废话，也不会无关痛痒地告诉你："正面思考，一切都会好起来！"我们将会告诉你在一个个心理治疗中经过验证且非常有效的技巧，你每天都能将其应用于生活，完全不夹带任何骗术，也不会强迫你承受超出本身能力范围的压力。

你如何看待以下情境？

你将迎来重要的一天，幸运的是闹钟坏了，你因此能舒舒服服地在床上多躺一会儿。当你在浴室撞到大脚趾弯下腰的那一瞬间，你在洗衣篮里发现了那张你以为早已不翼而飞的50欧元钞票！至于咖啡机罢工，反而是天赐的礼物，因为今天有重要的事，咖啡因只会让你更加焦虑，喝一杯温和的菊花茶会更好。幸亏鞋带断了，你才猛然想起自己还有一张网上很火的皮具店的优惠券——下周就到期了。大衣的纽扣儿掉落也绝非偶然，而是一段热烈感情的前奏（只不过今天的你还不知道，下周二自己将在裁缝店邂逅此生的真爱）。"哇，我的身手比自己原先想象的还要敏捷！"你在公交站躲开那位骑行者时，很庆幸自己反应快；老旧的公文包坏了，是该换新公文包的时候了，正好可以用上那张优惠券。"错过了公交车！那又怎么样呢？我反而能从容地准备开会事宜了！"爬办公楼的楼梯，你当它是晨练。至于出汗，表示你的新陈代谢好……晚上的约会被取消了，你反而松了一口气，如果一开始约会对象就想取消见面，那以后约会肯定更糟糕（更何况你因此可以毫无顾虑地在裁缝店遇见真爱）。再说，看到蜘蛛在中国可是好兆头呢，而你也莫名地感激，没想到度过混乱的一天之后，居然还有一个小生物与你做伴。

怎么样？

现实没有改变，但观点截然不同。你今天的第二个版本是一个重新诠释过的版本。在心理学中，我们称这个技巧为"逆向思维"，或者是专业术语"重构"。这种重构的技巧最初源自家庭治疗：我们提供对事件不同的解释，赋予事件不同的意义。"框架—隐喻"指出，仅仅更换画框，有时就能决定我们是否喜欢一件艺术作品。一旦我们舍弃老旧的框架，就会找到崭新的视角：我们也能更自如地应对日常生活中的突发状况与种种挑战。

试着这样转换思路：从"我的伴侣在控制我"变成"我在伴侣心中非常重要"。你是否用这种方式来看待关系，决定了你能否拥有和谐的亲密关系，是否将宝贵的生命浪费在无意义的争吵上。第二种观点绝不意味着你应该让伴侣来主导你的人生——它只是改变了你本身的认知。尽管听起来很简单，但通过重构每天都能在心理治疗中创造奇迹。

当现实无法改变，并且存在相关的负面想法只会阻碍自己前进时，重构就能发挥作用——这就是"我活着"与"我被生活推着走"的区别。

关键在于我们必须有意识、目标明确地运用这种技巧，这绝对不是盲目地美化所有事情（别担心，关于这个现象，我们之后也会详细讨论）。

如前所述，首先要有意识地觉察，允许并接受负面情绪——它们是我们生活的一部分。然后重新解释、改善负面情绪。重要的是要掌握好分寸，在我们不断被鸡毛蒜皮的小事烦扰前，把精力放在重构自己的思维与行为上——这样可能更有益身心健康。当我们因重大事件而在某种程度上失去了对自己的控制时，我们首先应该允许这种负面情绪存在，然后对它们进行分析。在这之后再重构也是可以接受的。

重构也是神经语言程序学中一个已经得到验证的方法，其目的在于把我们行为中特定的负向的思维与沟通模式，引导到更愉快、更成功的方向。

你不妨试试以下方法。

首先，当你感到失望、想到"对此，我无能为力"时，加上两个字，对自己说："对此，我暂时无能为力。"区区两个字，影响却很大。

其次，每当无法理解这个世界、为了某事或某人生气、对某件事无法释怀时，你不妨问问自己："它想告诉我什么？""这有什么意义？""我在其中能否找到机会并渡过难关？"光是自问就能促使你重新思考，让这些效果不错的自问自答的句子来激励你吧。

最后举一个例子说明"我能从中学到什么"：一位积极进取、聪明又有抱负的商业顾问来上我们的心理辅导课程，只因他希望在事业上进一步发展，却接连遭到拒绝。这种情况确实令人心灰意冷，但他通过重构找到了面对问题的方式："人生的这个阶段是我的修罗场，我要学着面对拒绝，同时保持自信心。"

如果你还需要最后一个理由来帮助自己摆脱困境，请欣赏一下古罗马哲学家爱比克泰德的名言，他在50岁左右就悟出了："让我们不安的不是事情本身，而是我们对这些事情的看法。"

## 02 | **习惯化**
年假多分几次休，你会更快乐

习惯化显然能让你的生活更舒适——如果你能正确使用它。

申报年度个人所得税、年终大扫除、帮老板完成一项无聊的任务，这些恼人的事，想必你至少亲身经历过其中一项。

如何用分心来度过我们生活中那些难熬的时段？我们应该感激地拥抱每一个让自己分心的人和事！举例来说，正在大扫除的我接到了最亲近的年迈的姑婆打来的电话，太好了！正好放下拖把桶。收到一封医药广告的垃圾电子邮件？若能让我暂时摆脱恼人的个税单，我会逐字逐句地研读邮件内容。整理房间时，我突然碰到了边角处的那本书，它是我8年前就想读的那本——此时此刻不正是展卷阅读的最佳时间吗？

现在，请你想象一些令人愉快的事：一顿色香味俱全的饭菜、一次奢华的泡泡浴、一场紧张刺激的足球赛。此时，你会痛恨任何打扰，包括打扰你的每一个人！电视上播放着你最喜欢的影片，突然插进的广告打断了剧情，你会咒骂电视台、广告商，甚至邪恶的全世界。从事愉快的活动时，中断会扰乱我们的愉悦感，但是在我们做讨厌的事情时，中断能缓解不开心——起码我们这么认为。

但真的是这样吗？

事实上，恰好相反！我们来看看原因。

先来瞧瞧当安静地待在子宫里打盹时，我们已经可以清晰显示出的反应。有人在一场有趣的实验中，让尚未出生的胎儿接受特定的刺激，比如一声响亮的汽车喇叭音，然后观察子宫内胎儿的反应。一开始，胎儿的反应很强烈，但随着实验人员给予的刺激增多，胎儿的反应越来越弱。

在心理学上，我们把胎儿在子宫里清楚呈现出来的反应称为"习惯化"，也就是习惯化的麻痹力量。随着时间越来越久，一切都会变得乏味，这种乏味往往出现得极快。习惯化的魔咒早在我们出生前就刻在了基因里，与我们相伴直至死亡。

习惯化，一方面是我们能够学习的先决条件，另一方面它也确实证明，一切终将随着时间流逝而日渐失去吸引力。因此，无论我们是写一份工作上的营销文案，还是抢救手术台上的病人、主持电视节目、参加世界一级方程式锦标赛，或者无论我们结婚与否、是否收入颇丰、是否拥有一栋豪宅或一辆超级跑车，当我们习惯了一切，这一切也就失去了最开始让人感到兴奋与刺激的力量。

我们无法改变习惯化，但可以把习惯化的效果应用于自己的生活，甚至让习惯化为我们所用！大部分人不是严重低估了习惯化的力量，就是完全不把它当回事。若能有意识地运用它，生活就会变得更美好，因为习惯化当然也会对令人不快的事物有效：我们越习惯那些让人讨厌的事物，对它们的感觉就越麻木。

聪明的人经常会在从事欢乐的活动时暂停一下，原因在于每一次中断都会减弱习惯化的效果，于是当我们重新开启欢乐的活动时，心情就会比被打断之前更好。

你不相信？也许下面的实验能说服你。研究人员让两组被试分别观看一部他们喜欢的影片，其中一组观看时被广告打断，另一组一气呵成地看完。观影结束后，两组被试被问到他们有多喜欢这部影片，结果是中途曾被广告打断的人表达了更佳的观看体验——即使他们觉得广告很烦人。

这适用于所有美好的时刻：喜悦随着每一次新的开始（每一次中断之后）而增加。这就是为什么一次休完一整年的年假很不明智，因为习惯化的力量一定会让假期一开始最为美好，随后就会变得越来越乏味。所以，明智的做法是尽可能把年假分开休，多分几次休假才更开心。

　　针对令人厌烦的活动，则适合反其道而行之，因为每一次中断又重新开始，都会加剧愤怒的感觉。人们会去习惯讨厌的事物，但每一次中断会减弱习惯化，重启后反而更加痛苦。从事这类活动时，我们可以运用习惯化让自己尽量不受干扰，久而久之，讨厌的事做起来就没那么讨厌了。

## 03 | 基本归因错误
### 别把罪过都推到别人身上

理解归因方式有助于你更了解自己和他人。

为了庆祝意义非凡的 30 岁生日,你在一家很热门的酒吧里举行一场狂欢派对,邀请了将近 80 位朋友——大家差不多都来了。到了午夜时分,你环顾四周的宾客。"我最好的朋友蒂娜在哪里?"这个疑问突然在你的脑海闪现,"整个晚上,我都没见到她的人影。"你看看手机信息,她没说不来,也没有说"晚一点儿到"。就在你庆祝这辈子唯一的 29 + 1 岁生日的这天晚上……你怎么想呢?

• 笨女人！连我过30岁生日都会迟到！她就不能准时一次吗？总是拖拖拉拉的。

• 她一定是临时有什么重要的事情耽误了，才没办法早点儿赶来。

别为"笨女人"这个词担心，如果你选的是第一个答案，这再正常不过了。大部分人在碰到这种事情时，往往会把迟到归咎于对方——她出门晚了。

我们如何解释周围发生的事情，又怎样将特定的现象归结于特定的原因，这就是心理学所说的"归因"。我们将它区分为内在归因与外在归因：内在归因指我们试着在当事人身上寻找原因，外在归因指我们将原因归结为外部情况。上述例子中的第一个答案就是内在归因，第二个则为外在归因。

那么，是什么引导我们选择内在归因或外在归因呢？研究显示，人会有一种明显的倾向，基本上我们倾向于内在归因——揣测特定事件的原因主要出现在当事人身上（例如，那个笨女人又没办法决定要穿哪双鞋了），而不是归咎于外部情况（例如，说不定她家里的一根水管爆裂，她正为此发愁呢）。

这种倾向非常明显，社会心理学家李·罗斯甚至将这种倾向形容为"基本归因错误"。

为什么说它是"错误"呢？因为这种倾向往往带有偏见，我们经常因偏见而错过真相，在我们开始随意地揣测之前，我们压根儿不知道真相到底是怎么回事。以上述情境来说，我们不知道具体发生了什么事，为什么这位闺密让人等了又等。也许真的是水管爆裂了，或者男友毫无预兆地向她提出了分手。说不定她遭遇了交通事故，正躺在医院里呢，又或者她一时冲动在拉斯维加斯结婚了，或许她……由外在因素影响的突发事件有无数种可能，尽管如此，我们却相当笃定地认为迟到的原因在她自己。

荒谬的是，明明知道某人不能影响特定事件，我们依然倾向于把原因归于此人。在一场实验中，研究人员让两组被试聆听演讲，演讲者针对特定主题清晰地表达了立场。事后，研究人员告诉第一组被试，演讲者的稿子是他自己写的；第二组则被告知演讲的内容是他人提供给演讲者的。接下来，研究人员询问全体听众，他们认为演讲者有多大的程度表达出自己的观点？显然，第一组的大部分被试认为演讲者表达了自己的立场，毕竟演讲内容是他自己想出来的。但是，第二组的大多数被试也认为演讲者是在发表个人意见，虽然第二组被试都被告知演讲的内容不是演讲者自己决定的。

"基本归因错误"主要出现在西方文化中，西方文化深受个人主义影响，在这种文化中会有一个独立自主的人的意象，即所谓的"独立的自我理解"。相比之下，在东方文化中，人们更倾向于将自己和他人视为集体的一部分，大家彼此依赖，这是一种所谓的"相互依赖的自我理解"。例如在日本，人们更倾向于将事件视为外部所致，而不是归因于个体。在前述情境中，如果庆祝生日的主角是日本人，则其更有可能选择第二种答案。

在德国呢？"基本归因错误"每天都在制造误会与不公平，引发烦恼和争吵。

试想一下，你有没有发觉你偶尔也会气急败坏地把罪过推到别人身上，即使罪魁祸首可能是外在因素？如果我们学会批判性地审视自己对内在归因的倾向（比方说，会不会是外在情况影响了对方的行为），我们就能避免许多不公平和争执。

# 04 | **图式与启动**
## 如何与讨厌的同事改善关系

记忆研究中的"启动"会拓展你的视野。

周五晚上,你和亲密爱人坐在沙发上看电视,由于节目太长又很乏味,你俩就想找点儿其他事情做。突然,你隔壁那位30岁邻居的呻吟声穿墙而来。你怎么想?

- 看来她的关节炎真的很严重啊,年纪轻轻就犯病了。
- 难道是她收到物业账单了?
- 她做爱时不能安静点儿吗?

在这种情况下,先出现在大多数人头脑里的会是第三种想法。

我们会想，这位邻居正在做惊天动地的事。可是以上三种揣测都能解释那个声音，况且别的可能性还有很多，为什么我们做的判断却是和性相关的呢？

在此，我们使用的是所谓的图式。何为图式？拿众所周知的能放东西的抽屉来形容它，再贴切不过了。图式是我们会动用过去学习过的、适用于特定情况的一般知识。它有助于我们迅速进入情况进行判断，不必每次都重新学习。

举例来说，要放一个苹果在盘子里，我们根本不必解释怎样完成这个动作。试想一下，如果有人向你展示一种异域水果，你会有多茫然：这能吃吗？怎么吃？削皮，还是连皮吃？如何削皮？怎么切开？有没有应该吐掉的果核？若是苹果，我们只需要召唤出"吃苹果"的图式就知道该怎么做。

事情反复发生时，图式能帮助我们辨认出相似的情境，我们也可以利用图式来补充不足的信息，比如用符合图式的细节填补自己的记忆漏洞。这也解释了为什么法庭上许多证人的供述不见得有多可靠，如果交通事故中所谓的"爆炸目击证人"说"我听到身后有爆炸声，我转过头去，刚好看见那辆红色的汽车碾过那辆蓝色的轿车"，这种证词就不太可信。一个听到爆炸声才转过头的人，肯定不可能目击这起事故，但其拍胸脯保证自己是目击者。怎么回事？一旦我们看见两辆车相撞的交通事故（意外发生之后），就会召唤出这桩意外应该如何发生的图式，这个图式能为我们填补记忆中缺失的信息。

我们也靠图式来整合模棱两可的信息，比如本章开头举的例子。

如果同时适用的图式有好几个，我们应该选哪一个呢？通常选唾手可得的那个，因为它前不久才在我们的头脑里活跃过。因此，在观看一部悬疑电视剧之后，屋子里的任何声响都让我们以为有窃贼闯入；我们才男欢女爱过，当听到邻居呻吟时，立马就会判定对方正在共赴巫山。

顺便告诉你，幽默心理学也是这么发挥作用的：喜剧演员将一段叙述或情景与一个存放于我们头脑中但因位置偏远而很久不曾显现的图式联结起来，观众在看表演时，首先想到的是现成的图式（比如呻吟＝性），然后因一个同样说得通但比较难召唤出来的截然不同的解释（比如呻吟＝水电费账单）而被逗笑。

图式的激活过程在心理学中被称为"启动"，启动是使得某个图式更容易被召唤出来的过程。早在20世纪70年代，研究人员就做过一个经典的实验。让被试看一位名为"唐纳德"的人的相关描述，这份描述中的措辞含糊不清，例如"有人敲门，但唐纳德不让他进屋"。被试首先被告知他们要记住特定的词语，因为这也是一项记忆力测试。研究人员先给其中一组被试看了"活泼进取""自信"之类的词语，另一组被试看的则是"自负""难以亲近"等词语。随后，所有被试要对唐纳德进行负面或正面的评价。虽然两组被试都读了关于唐纳德的同一篇文章，但先前记住正面词语的那一组就给了唐纳德正面的评价，另一组则给了他负面的评价。

接下来是一个也许你们也体验过的更常见的例子，你在快问快答中被问到几个问题。

雪是什么颜色？白色。

云朵是什么颜色？白色。

对面的墙壁是什么颜色？白色！

现在若问：牛喝什么？大多数人的回答真的是：牛奶！

前面的问题启动了"白色"图式，虽然我们本来要说的是"水"，但大脑也从这个图式中提取出一种白色的液体。

有趣的是，就算我们根本没有觉察到那些词语，图式仍旧会发挥作用。比如在上述实验中，被试事先并未被要求记住词语，只是看到他们眼前的屏幕上出现的快速投影，根本没有时间一一辨识清楚那些词语，但是这也不会改变实验的结果。

启动是让人们具备特定基本态度的绝佳方式。比方说，你想要改善和一个讨厌的同事的关系，每天上班前就努力记住她是"快乐的、有趣的、有意思的、有礼貌的人"之类的描述。如果你想与这位同事的关系更好一些，你只需在人后不经意地夸夸她，可以让她"不小心"看到你在报告里夸她的文字。

研究显示，如果被试事先看到"体贴"或"公平"之类的词语，在真正上场比赛时，彼此之间的合作会更加顺畅。

如果你即将与上司开启一场重要的谈话，谈话的当下，你不经意地提起另外一个人，热烈地赞美这个人的诸多优点，那么上司将在无意间把其中若干优点转到你的身上，谈话结束后自然会觉得你这个人挺不错的。

## 05 | **社会比较理论**
向上比较只会让人不开心

人比人，气死人，有哪些解决良方？

在老板的办公室里，你终于下定决心。妻子几个月来一直催你："今天你会问他，对吧？"你的床边放了《成功的薪资谈判》之类的书，你在笔记本中列出了书中传授的重点建议。你从这本书里学到该在周三提涨工资的要求，因为周一太忙，而周五的周末气氛又太浓，不适合进行严肃的薪资谈判。

现在你说出了心中的愿望，并且已经在头脑中把自己武装起来，这样才能反驳老板马上就会说出口的反对理由。"很遗憾，我受限于薪资结构……"他可能会根据薪资谈判指南这样说。

"我完全同意,你希望多少呢?"老板实际上如此问道。

这……你愣住了,然后勇敢地说:"每个月1万欧元!"

月薪1万欧元!这差不多是你目前薪酬的3倍,有了这笔月薪,你可以轻松地付清房贷,偶尔还能犒劳自己和孩子。你会很满意这个金额,不再在工作时三心二意。

你真的这么认为吗?

假使这场梦幻般的谈话真的发生了,你为自己争取到3倍的薪资,我敢打赌你1年后会再度要求加薪。你信吗?

在一场实验中,被试被问道:你想要住在哪个世界,A世界还是B世界?你在A世界的年薪是5万欧元,在B世界的年薪是50万欧元。此时要做出决定还算简单,但接下来的条件是:A世界的平均薪资为4万欧元,B世界的平均薪资是100万欧元!你觉得被试会多贪心?对大部分人来说,赚多少钱其实一点儿也不重要,在实验中,他们表示年薪5万欧元足矣,重要的是他们比别人赚得多。

另一个有趣的实验甚至为这个发现提供了神经科学的依据:请被试坐在计算机前完成任务,他们如果正确地完成了一项任务,就会得到奖金。被试可以使用一个有趣的工具,因而能看到坐在自己邻座的人得到了多少奖金。(你也希望家里有这样的工具,对吧?)研究人员在实验过程中测量被试的大脑中奖励中枢的活动,结果是:被试每次得到奖金时当然都很高兴,但如果其获得的奖金比邻座多,他们会更开心。

这就是向上社会比较，一旦我们开始与别人向上比较，就会瞬间改变自己对所有美好事物的感觉，因为总有人拥有得比我们多！

"社会比较理论"是美国社会心理学家利昂·费斯廷格提出的，他假设每个人会通过与他人比较，来获得与自己有关的信息。这就是为什么我们不断地被比来比去。

相互之间的比较有三种可能。

第一，可以和那些处境与自己差不多的人比较，这虽然有点儿没意思，但通常能让我们认识真实的自己、自己的情况，以及自己拥有的可能性。比如，我50岁出头，想认真了解自己的运动能力，就应该与同龄人比较，而不是与20岁的职业足球运动员对比。

第二，可以和比自己差的人比较。比方说，赚得比我们少或者健康状况不如我们的人。这样的比较让我们知道自己过得有多好、有多优秀，于是我们的自信心大增。

第三，可以向上与那些在相关事情上优于我们的人比较。这样一方面可以刺激我们继续发展，另一方面又会让我们不快乐，让我们痛苦地意识到自己没有那么好，或者有些东西是我们尚未拥有的。

加薪对你来说意味着什么呢？你想一下，这世界上有多少人赚的钱比其他人都多？没错……只有一位。只要这个人不是你，主观上你就永远都赚不够，这可是经过科学证明的。因此，我们最好别以为一次加薪就能让自己快乐赛神仙，从此过上幸福美满的日子。所以，当老板表现得像薪资谈判指南里一样，说"不行"时，情况也没那么糟糕……

你不妨多想一下其他那两个社会比较的形式。既然向上比较让人不开心，那我们就可以借着目标明确的向下比较，瞬间让自己心情大好。不仅如此，向下比较还经常能让我们意识到生活中美好的事物与上天的恩赐，因而心存感激。如果你的身边没有谁可以让你向下比较，那你就先放下这件事，看看电视新闻吧。

## 06 | **真实感受与虚假感受**
### 压抑感受会导致我们生病

真情实感会带给你充实的互动。

请你把手放在心脏部位：你的情感有多真实？

你怎么看：你与自己的内心、情绪、感觉、心理状态有多大联系？为什么这些对于我们很重要？

"正确"答案不可能只取决于你的性别，还取决于你的年龄：随着年龄的增长，我们与自己越来越疏离，变得不太认识自己。孩提时期的我们还相当了解自己的感受，但随着年龄的增长，我们变得越来越"冷漠"。

举例来说,如果你问一位男士"你觉得如何",你得到的回答通常是"这个嘛,我太太决定……"(婚姻情感咨询师可以证明这一点。)

这个例子清楚地说明真实感受与虚假感受之间的差别:身为成年人,我们在日常生活中倾向于用虚假感受来争辩。常见的例子包括:"我觉得你没听我说话""我觉得你误会我了""我觉得有压力""我感觉你没有认真对待我"。

哪里出了问题呢?

虽然我们使用"觉得""感觉"等概念,但这只是我们的障眼法,实际上我们是在表达对他人的看法,以及对周围人的批判。比如,当我说"我觉得你对我不好"时,我(心里)想的是:"你不爱我。"这反过来又在我内心深处引发骚动,这才是我真实的感受(心脏、腹部)。现在,你再试试问自己:我的内心能感受到什么?准确来说是:我很难过,觉得自己无能为力,也很沮丧。

这些是当下真实的情绪感受,让我们先确定一点:感受,只能是自己心里的东西,而不是别人做了什么。至于怪罪别人,那就更荒诞了。

谈论真实的情绪有不少好处:如果这是自己心中的情绪感受,那我就能够为它负起责任,让它影响我的感官世界。此外,没有谁能带走我的感觉。如果我对一位女同事说"我觉得你不了解我",她可能反驳说"我很了解你呀"。但是如果我说"我真失望",她应该如何回应呢?难道要她朝我翻个白眼,然后说:"别开玩笑,你怎么会失望！"如果忠于自己，那么我们可以保留自己的感受。

如果你想要知道真实感受与虚假感受之间的差别，请记住这个关于虚假感受的最佳例子："我觉得我好像在跟墙壁说话。"请问，外在的墙壁跟我的内心有什么关系，这是哪门子的感受啊？

描述真实的积极情绪的词语有：平衡、平静、放松、快乐、朝气蓬勃、兴奋、热情、坠入爱河、自由、感激、乐观、感兴趣。描述真实的消极情绪的词语有：寂寞、吃醋、忌妒、饥饿难耐、疲惫、懒散、犹豫不决、忧郁、麻木、无助、不稳定、惊吓、沮丧、焦虑、紧张。

这把我们引到下一个重点：如何划分积极情绪与消极情绪？非常简单："抽屉"基本上有助于我们应付日常生活，请参阅第4章"图式与启动：如何与讨厌的同事改善关系"中提及的"图式"。只是简单地把感觉划分为"积极"与"消极"其实也很有问题，让我们回到童年来解释。每当孩子跌倒因疼痛而大哭大叫时，妈妈通常的反应如何？她会把孩子扶起来，说一些"其实没那么痛"、"没那么严重啊"或者"过一会儿就好了"之类的话。孩子的反应如何呢？他的脑海中和心里产生了剪刀效应——裂成两半，在身体感受到的"痛死了"（真实感受）与妈妈说的"不痛"（心理感受）之间产生了分歧。孩子在这个年纪就已经奠定好自我异化的基础！

安慰人的出发点是好的（详见第16章"投射与倾听：提建议可能会伤害对方"），但有时候收效甚微，甚至会造成伤害：意图（帮助）与效果（不明显）两者之间有极大的差异，这个现象在给人提建议的时候也至关重要。

我们在生命初始就学到：有些感受，你"应该有"；有些感受，你"最好不要有"。因为我们会按照常识将这种感受付诸行动。比方说，愤怒在当今社会是一种消极情绪，因为我们把它和"打破某人的脑袋"画上等号。

然而，这样未免太草率了，也导致我们在许多情况下不敢相信自己的情绪感受。愤怒也可能单纯"只是"肚子咕噜一声，对谁都没有损害。重要的是，我们首先应该深入了解自己的情绪，认识它们，允许它们发生，并且当成自己个性的一部分，对其加以重视。因为一旦压抑情绪，它们就会在不知不觉中继续发酵，导致我们生病（详见第 34 章"心灵净化：压抑情绪会造成无意识的痛苦与病症"）。我们可以想一下："我想要什么样的感觉，或者比较想要有什么样的感觉？"又或者："此刻，什么样的行为才算得体？"你现在知道要为自己的情绪负责，因此也要能控制住自己的情绪。

这是非常简单又能有效防止女性变得多愁善感、男性变得冷漠不语的好方法。一旦抛弃刻板印象，多理解自己的感受，谨慎地评价"积极"与"消极"，每个人都有机会做自己，按照自己的情绪去感受。这样一来，我们的孩子就不会听到"你这个爱哭鬼"或"印第安人不知道疼痛"之类的话——这些都是流传下来的刻板印象及过时的价值观。

简而言之，做你自己，感受你的情绪——允许每个人做回自己。（毕竟哪个女人不希望遇见一个真正懂情绪的男人呢？）

## 07 | **面部反馈假设**
### 改变表情让你拥有快乐的一天

神经生理学的面部反馈假设如何让你的生活充满欢乐。

带着上一章学到的新情绪知识，请在思维与情感上进入接下来的情景：

- 你考砸了；
- 面试惨不忍睹；
- 你的伴侣欺骗了你；
- 孩子认为你是个坏妈妈或坏爸爸。

你会如何应对？你最好先照一下镜子：你觉得糟透了，很沮丧，垂头丧气，嘴角下垂……这些都是很自然的反应。我们要告诉你，为什么在这种情况下"强颜欢笑"反而有益。

如同我们已经看到的，建立起接近自己内心的通道是很重要的，包括认真看待自己与自己的情绪，以及尊重别人的感受（见前一章）。

如果我们充分实践了这一点，第二步就自然而然地发生了，积极地处理自己的感知和希望达到的状态。因此，我们迫切希望删除那句谚语——"最后笑的，笑得最好"。

最后笑的人享受到的欢乐最短暂，而只有欢乐才会让我们的生活有价值。下文马上就会看到，欢乐如何轻松地帮我们一把。

生活就是这样，我们身边的人依然故我，偏偏他们不容易被改变。你什么时候改变过老板？婆婆？孩子？我们还是把重心放在自身的想法与情绪上吧！因为当我们的内心发生改变时，外在世界和他人也就更有可能跟着改变。

你有时是不是也希望早晨一起床就精神抖擞，开开心心做你该做的事？走进会议室时觉得自己挺幸运的？回家时看见一张张笑容满面的脸？受到其他人的热情接纳？与别人敞开心扉交流？受到所有人的尊重？

无论命运待你如何，也许这些想法对你来说都有些"奢侈"，但是请永远记住：实际上，你有权拥有这些！

快乐是一种美好的情绪、一种愉快的感觉——让我们所有的心理需求都得到了满足。快乐是一种自动自发、对一些愉悦的事物自然的情绪反应：一件事、一个人，甚至是一段回忆。

笑是快乐与愉悦感最常见的表达方式，在人类群体中尤其能发挥它的效用。医学上甚至用笑来配合疾病治疗。没错，笑有益健康！科学研究证实，笑能加速多种疾病的康复，压力因愉悦感的增加而减轻，释放出增强免疫的激素——笑甚至能预防疾病。笑可以提升心血管系统、横膈、声带、面部与腹部肌肉的健康水平。此外，笑还可以让血压升高，提高血液中的含氧量，并在下腹部区域进行一种内部按摩。笑甚至能明显减轻疼痛感。

所有发现都来自著名心理学家西尔万·汤姆金斯于20世纪60年代提出的"面部反馈假设"，该理论主张：我们的情感体验取决于自己的表情。因此，我们可以通过表情影响并控制自己的感觉：我们笑不只是因为开心，我们也可以通过"先笑起来"让自己更开心。

千万别以为这是在开玩笑，我们的表情直接与感觉中心相连；光是机械性地扬起嘴角，就能振奋我们的精神（其实不需要眉开眼笑，那是抗衰老的笑）。大脑会让我们产生良好的感觉，这个效果已经被科学实验证实！因此，我们找到了一个非常简单又相当有效的起点：每天都可以靠自己营造快乐。你不妨今天就试试看，展露一个微笑，带着满足的表情游走世界。感受一下你内心深处的波动，你会又惊又喜。

还有一点：观察你的新行为如何影响你与其他人相处。俗话说得好：微笑和快乐会传染；善有善报，恶有恶报，就像有人朝着森林呼喊，也会有回声……（为何如此，请阅读下一章，我们将探讨自证预言）。你身边的人，无论是同事、上司、伴侣、女友还是邻居，都会觉察到你正展开笑颜或开怀大笑，然后不知不觉地把你当成亲和力强又谦和的人，与你相处的过程也令人愉快且心满意足。这种期待会改变你身边人的行为。友善、亲切、礼貌、受到重视，以及受人尊敬，会让谁受益呢？

当然是你自己！

清楚这一点的人，当然是说过"一天不笑，等于白活"的卓别林。

## 08 | 自证预言
### 思想可以控制即将发生的事吗

自证预言在生活中给你更多力量。

很久以前,有个人非常怕生病,有一天他不舒服到担心自己将不久于人世。他万念俱灰地走向妻子,妻子握住他的双手,笑了笑,然后充满爱意地说:"只要你的手还是暖的,你就不可能死。"圣诞节前夕,他走进森林,想要砍一棵冷杉树,他在抹去额头上的汗水之际,猛然打了个冷战——他的双手都冻僵了。他吓坏了,心想:"我为什么还要砍这棵树?我早就死了呀!"于是他伤心地躺在雪地里,又想:"幸好我已经死了,不然怎么受得了这天寒地冻。"

我们并不是想引导你成为妄想狂,但请你花点儿时间思考,你的思想究竟在多大程度上影响着世界的运转……

你一定听过"自证预言"。自证预言是仅仅因为存在就能成真的一种预言,因为一旦有了这个特殊的念头,导致预言的结果就可能真的发生。

比如在做一场实验时,随机选一组学生,并告诉他们说他们是最聪明、最有潜力的学生,于是他们的期末测验成绩果真提高了!相较之下,事先没有告诉他们"你很优秀"的对照组的期末测验成绩没有任何变化。首先证实这种效应的是美国心理学家罗伯特·罗森塔尔,所以它也被称为"罗森塔尔效应"。

自证预言如何运作?我们在认知失调理论中找到了相关的解释(详见第11章"认知失调:为什么明知是错误的选择却仍顽固到底")。学生一旦被告知"你是最优秀的",他们就会调整行为以匹配这个评价:他们变得更勤奋、更专注、更努力,也就真的变得更优秀了。

有时候,一个预言不需要被明确地说出口,我们就会自行从一个刻板印象中推断出它,然后认定它是真的。我们就是这样倾向于以偏概全。通过这种方式,我们能让日常生活过得轻松一些,因为不再需要特别留意某些状况,只要无意识地靠自己的刻板印象得出结论即可(详见第4章"图式与启动:如何与讨厌的同事改善关系",关键词是"图式")。研究表明,我们在碰到容貌出众的人时,会习惯性地认为他们拥有友善与礼貌等正面的心理特质。在这种情况下,"光环效应"就会发挥重要作用(详见第20章"光环效应:如何打造自我魅力")。

假设我在火车上邂逅一位年轻貌美、穿着讲究的女士,这时我就会不自觉地唤起这种刻板印象。我"知道"自己正和一位友善、有礼貌的女士打交道,我也表现出友善且有礼的一面。谈话结束时,我确信这位火车上认识的人真的亲切、有礼貌。由于这种刻板印象,我在这一天采取相对应的行为,而我的行为同样使与我打交道的人给出相匹配的反馈。最后,这则预言应验了。

关于星座运势,也可以用自证预言来解释。比如,我的星座运势是"下周会有皮肉伤",那么我很可能因担心受伤而注意力不集中或紧张不安,结果就真的绊倒或撞到东西。谣言的作用方式也与此类似,能同时产生积极的和消极的影响。比如,有人公开做出"××银行下周将破产"之类的错误预测,那么这家向来正常运营的银行有可能真的会破产,因为其债权人一听说银行可能会破产,保险起见,他们就先撤资了。

和自证预言密切相关的是安慰剂效应:不含任何药物成分的安慰剂发挥药效,纯粹是心理作用。

这些例子都说明了人的思想拥有强大的力量,这实在是不可思议!那么,对于生活中不可控制的事,是否有可能控制住呢?(详见第24章"控制的错觉:阴谋论源自大脑的彷徨无助"。)

我们的思维如果带来消极的结果,那应该也会引来一些积极的东西,积极塑造我们的思维。你试试看用它来营造满意与快乐的感受。举例来说，每天早晨在开始工作前，给自己一个暗示，比如"今天我只会遇见好人""今天注定收获满满""我真的很快乐"。

在与别人相处时，你也可以使用自证预言，想想前文提到的那场与学生一起做的实验：你如果希望某人在这一天展现某种特质，不妨从现在起就赞美这种特质。这真的会发生！被赞美的人会为自己所拥有的（一开始只是信以为真的）积极特质感到自豪，日后就会非常留意自己的一言一行，这样才能证明你的赞美不无道理，否则他们就会出现严重的认知失调。因此，你如果希望员工对顾客亲切一点儿，很简单，只需要对他说："我真佩服你每次和顾客说话时总是富有同理心，就这一点，没人能超越你。"

赌赌看会发生什么变化？

## 09 | 知觉类别化
### 越是幸福的夫妻越要懂得分类

知觉类别化让你的生活更精彩刺激。

你多久和伴侣享受一次鱼水之欢?

· 可惜我们每次只能见 1 个小时,中间还要吃点儿东西,还要办点儿事⋯⋯

· 1 周 1 次。

· 鱼水之欢?我得去网上查一查,它到底是什么意思⋯⋯

· 我没有伴侣,谢谢关心。

如果你们认识超过两年,还选了第一个答案,拜托联系我们——我们一直在寻找新的研究对象……然而，大多数人认识越久，越不得不往下勾选。这可能会使所有人都很羡慕其他情侣，而被羡慕的我们自己呢？在入睡前，我们觉得翻翻各自的购物车更有趣一点儿。

这种悲伤的结论是怎么来的？我们又有什么应对之策呢？

现在，我们首先必须指出一个令人不快的事实，那就是所有人都会因年华老去而失去一些吸引力。抱歉，谁也无法改变这一点。这在长久的关系中尤其重要（尤其要提醒一下住在大城市里的人，"长久"意味着20年以上，而不是20个小时）。

不过，性吸引力随着时间而减弱，主要原因是习惯化——习惯化的麻痹力量，我们在第2章"习惯化：年假多分几次休，你会更快乐"中介绍过。遗憾的是，这种情形不会在20年后才出现，而是始于第一次。因此，我们的伴侣对他人的吸引力更大。更糟的是，伴侣之间的这种吸引力会越来越弱，随着一次次重复，就变得没有意思了。

但是，这种重复的情形到底什么时候出现呢？

科学家已经给你准备好一个令人惊讶的答案：我们是否觉得某个活动是重复的取决于我们自己，更准确地说，取决于我们大脑中构建的分类方式。

请你看看这个有趣的实验：请被试试吃不同口味的糖果，计算机屏幕上的计数器显示出每位被试吃了多少颗糖果。被试分为两组：其中一组可以看到自己吃下的糖果总数，另一组则可以看到计算机计数器依照口味区分，显示出自己吃下多少颗樱桃糖、橘子糖或奇异果糖。然后，被试要为品尝到的糖果打分。结果，比起只知道吃了多少颗糖果的人，那些知道自己所吃糖果的口味和数量的人会觉得每颗糖果都更美味。

客观来说，这些糖果的味道是一样的！那么光是计数器的显示方式不同，如何产生这种巨大的感受差异？

计算不同类别糖果的被试的心思集中在各个口味的差异，因此重复的感觉更少。对照组的被试则相反，他们很快发觉糖果都一样，因为计算机把所有糖果归入同一个类别来计算，所以他们觉得所有糖果尝起来都一样。对他们来说，吃每一颗糖果只是一种重复，习惯化剥夺了他们的愉悦感。

这对我们和我们的日常生活意味着什么呢？我们可以借由关注细节，以及区分出更细的子类别，来减轻习惯化效应。一旦你不再把每一次亲密接触都粗略归类为"性"，而是将它们仔细区别，比如分为"浴缸依偎""起床问候""晚安亲吻"等子类别，这件事情就会变得更有新鲜感。

这种方法同样适用于其他事情。假设你打算每周运动三次，但你觉得乏味，又办不到。每周的第一次锻炼过后，你会想："这周我已经运动过了。"请分别列出运动的子类别吧！周一去游泳，周三是力量训练，周五选择慢跑。你如果觉得园艺太无聊，千万别在记事本上写"下午4点至4点半要做园艺"，而要记下你计划"下午3点至4点修剪玫瑰花""下午4点至4点半修剪草坪""下午4点半至6点去园艺中心挑选春季花卉"。这样一来，生活就会更精彩——这种效应已经被多个实验反复证实！

但如果你想从事一项不那么有趣的活动，反其道而行也有帮助，也就是粗略做分类！比方说，你的目的是少吃一点儿，就别想着"中午我吃了一块火鸡肉排，现在再来点儿不一样的食物，一根巧克力棒就太好了"，而要对自己说"我之前吃过东西了，现在我就别再吃了，再吃就太过分了"。

# 10 | 积极倾听
## 为什么大多数婚姻关系以失败收场

如何运用心理治疗中的积极倾听恢复双方的互动?

我们无意破坏你的好心情(我们的目标更高):请回想一下你上次与他人发生争执的情景——对象是你的伴侣、家人、同事或朋友。

(1) 你想要干吗?你有什么意见?什么对你很重要?

(2) 与你发生争执的人想干吗?有何意见?什么对他很重要?

第一个问题的答案你心知肚明,对吧?

第二个问题的答案呢?比较难回答。为什么?为什么不容易回答?

大部分人在争执过后就不太记得刚才究竟为何唇枪舌剑,甚至经常在争吵的当下脱口而出:"我根本就不明白你到底想要什么?"可能你会自问:真的这么严重吗?我只是想要捍卫自己的立场,不想让对方把他的观点强加给我。

简单地说,这么想太致命了!大多数婚姻关系就是这么破裂的。工作上的团队合作也是如此,因为在工作中,我们和自己的上司、同事、老顾客也是"联姻",这些人与人之间的关系大多因琐事而宣告破裂。

这当然很遗憾!这种关系同时却有很大的优点,因为如果牢记几条非常简单的基本规则,我们就可以阻止失败。让我们来一探究竟吧。

先从一个小测验开始,即"死刑测验":我们百分之百理解为何人们支持死刑!亲爱的读者,你对"支持死刑的基本原则是什么"有何看法?

我们如果在活动中提出这个问题,会立刻听到以下论点:"降低再犯风险""节省开支""恐吓"……其中,我们想象一个因一桩残忍暴行而失去挚爱的人,他此刻情绪完全失控,深陷心灵创伤。我们完全理解这个人非要讨回公道不可。

你我可能素不相识,但你也许因为读了我们的其他著作而对我们多少有些了解。你觉得我们两人对死刑的看法如何?告诉你吧:根本不赞成!我们绝对、百分之百反对死刑。

我们借此说明:人能做到百分之百理解某个观点但完全不认

同，就像脑海里那把刀刃分成两边的剪刀。

遗憾的是，我们常常忽视了这个简单又至关重要的认识。我们在人际交往中有一个严重的误解，就是把倾听等同于赞成，把理解等同于认同。这使得共情变得困难（详见第32章"如何轻松得到他人的帮助：共情-利他假说和消极状态解除假说"），并导致我们很少能够真正且诚挚地倾听。我们害怕倾听意味着必须立即同意，因为这可能导致我们放弃自己的立场、接受不情愿的事情或做出让步。我们会觉得自己吃亏了，而这会让我们感到痛苦。

但这种想法是大错特错的！

一旦明白倾听只是一个没有伤害甚至是有益的过程，我们就会因此更能认识对方，接近他们，建立关系。

所以下次你再卷入一次争执，不论是在家里、工作时还是半路上，都请想一下倾听不等于赞成、理解与认同，想想脑海中那把剪刀。设身处地地考虑对方的观点，对待他们多一分同理心，换位思考，感同身受，然后再陈述自己的看法。假使冲突不可避免，你将在后文（详见第31章"共通性与双赢：冲突也可以成为动力"）了解如何化解冲突，并将冲突转为对自己和对方都有利的结果。

## 11 | 认知失调
### 为什么明知是错误的选择却仍顽固到底

你可以凭借认知研究中的失调理论,不费吹灰之力地完成不少事。

因为跟主管怄气,为了安慰自己受挫的心灵,你买了双新鞋:你冲进一家鞋店买鞋,尽量不去想自己的银行账户里所剩无几。花钱买了鞋后,糟糕的是,你回家后才发觉38码不适合。那是店里你最想要的一款鞋,也是这款鞋的最后一双。鞋子很紧,但你为了避免反悔,在走出店门后,你直接将发票扔进了路边的垃圾桶,然后再也找不到它了。这样做是因为你不希望留下任何线索提醒自己,这双高跟鞋花了你半个月的薪水……你这时在想什么?

- 可恶,我怎么每次都这样任性胡来?我明明知道这双鞋不合脚。我都活到37岁了,难道不知道自己穿几码鞋?我怎么这么蠢,居然把发票给扔了——现在连换都不能换!

- 经过了漫长的一天,我的脚肯定肿了,况且今天还走了不少路。明天一定就合脚了。而且,我早就想买这种款式的鞋子了,凭这一点就值了……

科学研究证实,大多数人会选第二个答案。我们为什么喜欢骗自己,然后随意地美化世界?为什么施奈德太太的丈夫结婚38年以来,体重增长到之前的3倍,背上的毛比头发还要多,她仍然觉得自己的丈夫很有魅力?为什么孩子让我们抓狂,甚至都能勇夺折磨人比赛的冠军了,我们却还是深爱着他们?为什么在早该受够的"疯人院公司",我们还能每天堆着笑脸,一再忍受上司和同事?

原因在我们自己身上:一个了不起的心理机制帮我们戴上粉色滤镜看待这一切,这样才活得下去。这是美国心理学家利昂·费斯廷格发现并于1957年提出的理论,他的认知失调理论探讨"思想不协调",解释由不一致的认知(也就是想法、意见与愿望)所形成的一种内在冲突。当新的想法与既有的意见相互矛盾时,或者新信息揭示已经做出的决定为错误时,典型的失调(不协调)就会出现。我们渴望想法一致,于是忽视令人不快的新闻,或者发展出愉快的新想法。请看以下例子:吸烟时,我很清楚自己在做什么,也知道吸烟有害健康,清楚这会给周围的人造成困扰。

这些对立的想法形成了一种不协调，那么我如何才能让这一切变得和谐？我当然可以戒烟，但戒烟很难。你如果也是过来人，或许能体会到这一点。我还有哪些办法呢？我可以发展出与吸烟有关的正面想法，例如"吸烟使人放松"或"我认识一些吸烟但活到了90多岁的人"。这些说法平衡了那些不协调的想法，因此我可以继续吞云吐雾，与自己、与这个世界和平共处。

下面这个实验清楚地说明了"认知失调缓解机制"的运作：把受邀参加性行为话题讨论的被试分成两组，每位被试在准备阶段都需要通过一项参与实验的门槛测试。第一组的测试非常难，被试要当着实验人员的面大声朗读充满性暗示的句子，而且不准结巴、脸红；第二组的测试则非常简单，被试只需要朗读平常无奇的词语。接下来，通过扬声器通知两组被试参加一场以性行为为主题的讨论。研究人员故意将这场讨论设计得很无聊，在一定程度上可以说是纯粹浪费时间。随后，被试对讨论进行评分。你怎么想？哪组给这场讨论打的分数较低？

按常理，我们会立刻得出结论：测试难度大的那些人会因浪费了时间而十分恼火，会给讨论打最低分。然而，情况恰恰相反：参加较难门槛测试的被试，其脑海中体会到的失调最强烈。他们知道："我付出了很大的努力通过一场特别难的门槛测试，却换来了参加一场无聊的讨论。"门槛测试不会再来一遍，但他们可以重新定义这场讨论的价值。于是，他们对自己说："门槛测试真的好难，但至少换来了一场刺激又有趣的讨论。"结果，他们的思想顷刻间恢复了平衡与和谐。

而那些参加较容易的门槛测试的人没有感受到丝毫的不协调，因为他们知道："我没有投入多少，自然也不会获得很多——还算公平。"

我们称这种现象为"投入合理化"，我们越是为某事投入更多，就越重视相应的"价值感"。简而言之，"投入合理化"就是我们熟知的那句名言"不耗费任何努力的东西没有价值"。

在设有严格名额限制的专业也可以观察到这种现象，只有高中毕业成绩优异，或者等了好几个学期的人，才能获得入学许可。至于成绩要多好，完全由供需来决定，也就是取决于有多少人争取同一个名额。竞争越激烈，淘汰越严格，分数就越高，这与专业本身的难度无关，也不意味着你必须以最高分通过高中毕业考试，才能顺利完成大学学业。尽管如此，通过这些严苛的标准获取就读该专业名额的人，通常仍会主观认为这个专业非常难，甚至更有价值。

我们在家庭里也经常通过减少认知失调将我们所付出的"努力"合理化——偏偏伴侣和孩子常常需要我们投入大量的精力和资源。施奈德太太只要稍微调整一下想法，而非去离婚。"我要一只瘦皮猴干什么？虽然他的肋骨上有不少肥肉，但这样反而更好，至少伸手过去不会抱着一把骨头。"这样一想，于是世界又恢复了秩序。"我们的孩子多可爱呀！"我们这样安慰自己，也就省去了与收养机构打交道的力气。同样的方法也适用于我们对上司与同事的态度。

那我们建议你怎么做呢,亲爱的读者?赶快把你刚刚读到的内容搁一边。这些信息太危险了,恐怕会动摇你的世界观!不然,你还是赶快去看心理咨询师吧……

附带一提,关于"世界观"的内容详见第 41 章"变化盲视:为什么你对变化视而不见"。

## 12 | 意象训练
### 可以救你一命的想象实验

你可以使用记忆心理学的想象力取得成功。

食堂陈列柜里,配着鲜奶油的杏仁巧克力蛋糕对着我微笑,它就放在收银台旁。我回到办公室许久之后,它仍在我的脑海中打转,看起来是那样诱人,好吃到让人要流口水了。直到我终于投降,赶紧再去一趟食堂为止。快3点了,食堂还开着,我松了一口气,把放着两块杏仁巧克力蛋糕和鲜奶油的餐盘推到收银员面前。跑这一趟真是值得!

但这是昨天的事了,今天可不能重蹈覆辙!

"千万别再想吃的了。"我才在淡紫色杂志架上的一本杂志里读到这句话:"十招让你穿上比基尼——这一次真的有效。"我当然想拥有穿比基尼的火辣身材,而且得赶上夏季才行。

于是我尽量不去想巧克力,把注意力转移到让自己认清事实的东西上,比如邻居家那个脏兮兮的猫砂盆,或者老奶奶脚上那个发炎流脓的疖,这样才能远离各种甜食。

(亲爱的男同胞们,如果你对这个故事没感觉,请把"杏仁巧克力蛋糕配鲜奶油"换成"800 克牛排配 3 份香草奶油",再把"比基尼身材"换成"六块腹肌"。)男女都一样:如果我们希望少吃一些,对于美食其实不该少想,而是要多想、常常想才对。

首先,想到可口的食物的确会增加食欲。我们只要想象放在盘子里送上桌的美味食物,看起来、闻起来是什么样子,真的就会开始流口水,渴望也会跟着增强。

但是,如果我们在此时没有停止对食物的想象,那好戏才登场:想象着把那块配上鲜奶油的杏仁巧克力蛋糕(或者那块 800 克配 3 份香草奶油的牛排)送进嘴里,咀嚼、吞咽,享受那滋味,反而能重新抑制我们的食欲。

如果你照着做,你真的能少吃一些!这已经有实验证明:研究人员让第一组被试想象自己一连吃下 30 块巧克力,第二组被试则在脑海中只吃下 3 块巧克力,第三组被试想一些与食物毫不相关的东西,随后研究人员再为所有被试端上巧克力,他们想吃多少就吃多少。

结果：已经在脑海中吃下 30 块巧克力的人，盘子里的巧克力还剩一半，他们吃的比之前只在想象中吃下 3 块巧克力的人少，也比那些之前根本没有想过巧克力的人吃得少得多。关键在于被试设身处地地想象自己真的在吃巧克力，而不只是面前的巧克力有多么香甜可口。

我们已经在第 2 章"习惯化：年假多分几次休，你会更快乐"中解释过这种行为的理由——习惯化。习惯化也可运用在吃东西这件事情上，第一口的滋味最美，接下来诱惑递减。实验显示：光是设身处地地想象做某件事，就会产生某种习惯效应。只要常常想象某个行为，在我们真正第一次去做这个动作之前，它就会变得不那么有趣。

我们可以根据这些发现拟一份很棒的减肥计划。这对那些不想改变饮食行为的人也有帮助。我们已知，习惯化是我们能够学习的一个重要前提。我们如果在大脑中提前产生习惯效应，经常充分又具体地想象，就能学会某种特定行为。比方说，考试前夕，先去看看考场，坐在那里，并在脑海中把那场考试过一遍。等到真正参加考试时，经常这么做的人就会应对自如，并且顺利通过考试。

你如果采访那些空难后罕见的幸存者，通常会发现，这些人曾在飞机失事前（无论出于什么理由）反复想象过飞机失事大概是什么样子，以及他们要如何应对，保护自己并离开飞机。下次你乘飞机，当机组人员不厌其烦地向你展示如何戴上氧气面罩，而你不耐烦地翻阅报纸时，记得在头脑里跟着做一次小小的练习，说不定真的能救你一命。

## 13 | 自我中心主义的陷阱
### 如果想挽救婚姻，时不时换位思考一下

如何克服发展心理学的以自我为中心，成为完整的自己？

想象一下，不平静的夜晚，你没睡好，辗转反侧，汗流浃背，第二天早晨醒来发现脖子突然肿胀成平日的3倍大，你的双脚（脖子肿得让你几乎看不见它们）布满了大块或蓝或绿的痘疮。

你立马打电话给医院前台。绝望的你恳切哀求"拜托给我加个急诊号"，电话另一端的助理带着歉意说"预约都满了，抱歉"。

你作何反应？

- "祝你的脖子生怪病！"
- "哦，但检查只需要3分钟啊！"

- "好吧，也许没那么严重，我就等14天后再看医生，如果没有变好，也许我再打电话来……"

大多数人选第二个答案。你知道吗？大部分婚姻就是败在这一点上。

请问，第二个答案错在哪里？非常简单，它涉及一个"自我中心"的论点。

"自我中心"是发展心理学中的一个现象，著名的发展心理学家让·皮亚杰曾经研究过。请不要把自我中心主义和自我主义（利己主义）混为一谈，自我主义指的是非常负面的自私自利。自我中心主义是指缺乏设身处地替人着想的能力——思想上和情感上皆然。

皮亚杰在"三山实验"的帮助下，在幼儿身上（他的被试）研究出这种现象。

他把一个风景模型放在参加实验的孩子前，问他们："你看到了什么东西？"孩子们回答："左边有一座大山，中间有一座中等高的山，右边是一座小山。"皮亚杰说："很好，现在，想象自己爬上左边那座大山，当你在想象中爬到山顶时，站在山顶上看，你看到了什么？"孩子们回答："左边有一座大山，中间有一座中等高的山，右边有一座小山。"

这个年纪的孩子，心智还不足以让他们接受其他观点的存在！其实，他们应该回答："我看到下面有两座比较小的山。"

或许你已经不是小孩，毕竟你正在阅读本书，但是幼儿的自我中心可能仍旧在你的身上挥之不去，尤其是如果你（像大多数人一样）在本章开头的例子选了第二个答案。

你如果在思维及情感上站在医生的立场，那么从他们的角度来看就会发现：光是今天早上就已经有15位脖子肿大、长痘疮、心情沮丧的可怜的病人打电话来，每个人都说"3分钟就好"，希望挂急诊；候诊室被他们挤得水泄不通。

在你眼中是3分钟，但15个人各花3分钟，一共等于45分钟。医生原定的看诊时间会不断被延后。这就是自我中心主义：我看待一切都只从自己的角度出发。

自我中心主义的反面则是同理心，也就是与他人共情并换位思考，这一点将在第32章"如何轻松得到他人的帮助：共情-利他假说和消极状态解除假说"中更深入地讨论。

接下来，我们回到婚姻的话题：大部分婚姻之所以失败，是因为对伴侣没有同理心。人很容易以自我为中心，总是从自己的立场看待事情，完全不考虑别人也可能有他自己的观点。从对方的角度来看，他们的观点与我们从自身角度看到的一样合理。结果：我们不听、不理解，误会产生……到最后爱情就消逝了。

自我中心主义唯一的优点是：我们在思想上永远纯真——和小孩一样。如果想挽救婚姻，那么就好好地克服你的自我中心主义，时不时换位思考一下。我的意思就是"共情"，与对方同思同感。你能因此学习到对方的观点，重新认识你的伴侣，进而更理解他为什么这么想，以及到底是什么意思。

况且，理解他人的立场对你一点儿损害也没有，因为这与接受与否毫无关系，这一点我们从前文的脑海中那把剪刀（详见第10章"积极倾听：为什么大多数婚姻关系以失败收场"）已经知道。大多数情况下，导致问题与冲突发生的原因未必与个人有关，有些只是由于缺乏同理心而产生的误会。

　　你试试看，在想象中穿上对方的鞋子走路（换位思考）——真的会有奇迹发生！

　　（美好的婚姻也能让你青春永驻。）

# 14 | 优越错觉
## 为什么我们总是错误地判断自己

战胜优越错觉,才能真实认知这个世界。

刚参加完朋友聚会的你带点儿醉意,回到家与另一半躺在床上。

"看到了没?思科尔不停地责备她老公贝恩德,怪他喝太多酒。当他明显直勾勾地盯着另一个女人的屁股时,思科尔还出其不意地用手挡住了他的眼睛……"

"对呀,马克和法兰卡也好不到哪里去。法兰卡想方设法地骗马克,那个可怜的家伙还被蒙在鼓里,这两个人基本上已经不太说话了。"

"啊，真庆幸我们不是那样。"你轻声地说，然后就像一对模范夫妻一样进入梦乡。

你想不到的是，思科尔和贝恩德这会儿也躺在床上，同样对你们俩说长道短，马克与法兰卡也一样。

基本上，每对夫妻在认知上都以为自己是世界上最幸福的那一对。就算你们不是夫妻，也可以读读相关的科学研究，这样你们就会认同我们说的了。

我的天哪，其他的笨蛋到底经营着怎样惨不忍睹的婚姻哪！还居然一点儿都没察觉出来！研究指出，通常大多数夫妻都认为他们的夫妻关系比他们认识的其他夫妻的关系更好。

这就是"优越错觉"的一个好例子，我们在所有生活领域内都能观察到优越错觉，这是一种人人都有的偏见。这种偏见误导我们在与别人比较时高估了自己的优点，也低估了自身的弱点。在我们的认知里，自己总是比大多数人聪明、有魅力、有能力、受欢迎。

顺便告诉你，这种现象有一个可爱的绰号——"乌比冈湖效应"。乌比冈湖是美国作家兼广播主持人加里森·凯勒尔笔下的一个虚构小镇，该小镇里"所有的女性都精明干练，男性全都英俊潇洒，孩子也全都出类拔萃"。

这种偏见的定律是：越差的，越觉得自己好。某人的智商越低，或者某项能力越弱，他就越倾向于在这个能力相关的领域高估自己。天底下最笨的人往往自认为聪明绝顶，开车技术最烂的人偏偏自认为有资格参加下一届世界一级方程式锦标赛。若问大学生如何评估自己的能力，大多数人自认为高于平均水平，甚至超出同龄人。自然而然地，他们的教授也作如是想。不然你以为这世界上为什么有这么多畅销书告诉读者，我们所处的世界有多么愚不可及。因为我们只想确认：没错，除了我，这世上的人都是笨蛋！

在日常生活中，几乎所有领域都可以观察到优越错觉。然而，碰到特别困难或非比寻常的任务，也就是非日常事务时，情况就不同了。有时会出现恰好相反的效应，我们反倒容易低估自己的能力。你的开车技术实际上可能比你想的糟，但驾驶宇宙飞船的能力可能比你想象的好。

对每个人来说，优越错觉短时间内很实用，它是"自尊扭曲"的一种，有助于我们发展并维持正面的自我形象，让人自我感觉更好。过度自信确实也能激发出不凡的成绩——自证预言有临门一脚的功效。

但优越错觉也会造成巨大的伤害，也许在我们谈到开车的例子时，你已经想到。大部分交通事故之所以发生，是因为每位司机都认为自己的驾驶技术娴熟又高超，能控制任何突发状况。这会误导人冒险超车、超速，或者没有换上冬季防滑轮胎就行驶在结冰的路面上。优越错觉也会误导骑行者和行人，不把红灯当回事（认为"红绿灯是国家制定的多余的约束，我可以自己看有没有车开过来"）。仅在德国，每天就有十几个人在马路上丧命，除了其中少数几位企图自杀的人，其他因车祸死亡的人到死都坚信一切尽在自己的掌控之中。

此外，每天都有人惨遭杀害，虽然人人都知道犯下这种罪行要接受严厉的惩罚，但为什么还是有人犯谋杀罪（或者其他罪行）呢？因为每个犯罪的人当时都认为：我才不会被抓呢……所以，优越错觉让人对刑事处罚的实际震慑效果打了个问号。

倒不一定和人命有关，在生活中的其他领域也一样有愚蠢的事发生。比方说，优越错觉解释了在组织中为何偏偏最不合适的候选人能高升——商界或政界皆然。这种现象若出现在金融市场，通常会因决策不当造成巨额资金孤注一掷而有去无回。人们常说贪婪毁了市场，事实上，毁掉市场的主要就是优越错觉。

优越错觉也是大部分企业将其薪资结构当成国家机密的原因。薪资结构若是公平的，那么透明化应该对企业内部氛围有益，而非有害。想象一下，10岁时，你的双胞胎哥哥对你说："爸爸给了我零花钱，但不准我告诉你给了多少。"你还会认为一切都公平吗？企业与此相同，藏有秘密的地方，我们便怀疑其中必有不公。如今，有些企业尝试公开薪资结构，或者至少披露一定的薪资差距。结果，几乎所有员工都认为自己应该拿到薪资的上限，人人都以为自己的能力、业绩与价值远高于平均水平。谁又希望自己普普通通，甚至低于平均水平？因为没有人希望领到"普通"的报酬，于是企业宁可对薪资资料保密。

由于人都会高估自己，所以在法庭上也浪费了不少时间与金钱。许多官司一开始就毫无胜算，正直的律师也总试着说服当事人放弃毫无指望的诉讼（贪图钱财或高估自己的律师不认为毫无指望的诉讼没有赢的机会……），但仅有极少数的当事人听劝，他们虽然大多是外行，却"发自内心"地坚信自己是对的，谁都别想阻止他们。

如果我们能时不时问自己一个问题，我们就能挽救性命、守住钱包，这个问题就是：此时此刻，我是不是被优越错觉骗了呢？

不过如果设想其他人也都认为自己高人一等，我们也能更清楚地解释、预测他人的行为。（所以，假使你此刻正在网络上发表对本书的差评，批评这本书错得离谱、烂透了，你懂的比作者还多……我们不是才预测了你的行为吗？换位思考一下：本书当然是同类主题中写得最好的一本！举世无双。哦，不，全宇宙最好……）

然而，如果你现在说"我怎么会有优越错觉呢"，那我们想再为你介绍一下与自己偏见有关的盲点，即"偏见盲点"。已有不计其数的实验指出，从个别事件中辨识、认识到自己的优越错觉，实在是太难了。因此，你最好就相信我们吧（我们可是饱读诗书的聪明人哪）：所有人都逃不掉优越错觉的影响。

# 15 | 同情与同理
## 看到坑里有人,你会跳下去吗

如何通过介入心理学的共感救人性命。

想象一下,你正在旅行,徒步穿过一片森林,大自然美不胜收,眼前是一片令人如痴如醉的景色。

突然间,你听到远处传来可怜的呜咽声,你停顿了一下,有点儿吃惊。呜咽声还在继续,而且声音越来越大。你小心地循声前往,刹那间,你呆住了,啊,差点儿掉进一个深坑。

现在你知道哭泣声来自哪里了,深坑里坐着一个拼命挥舞手臂的孩子,正绝望地呼救。

你打算怎么办?

- 你鼓励那个孩子，请他等一下。然后你跑到距离最近的一户人家，找来一架长梯，放进深坑，救出那个孩子，再把感激涕零的孩子送回因找不到他而焦急万分的父母身边。

- 你看见这个孩子，就顺着自己的第一反应也跳下坑。你在坑底与那个孩子一起等，看看有没有人正好带了一把梯子经过这个深坑。

- 你伴装什么都没看见，悄悄疾步离开，也许还吹口哨壮胆呢……

正常人都会选择模式一（"找梯子"），大多数人觉得模式二（"跳下去"）的意义不大，而模式三（"加速离开现场"）缺乏责任感。如果局面一清二楚，我们很容易做出决定。

在日常生活中，坑洞和长梯并不容易被人察觉。我们常常会自己找坑跳，有些人则会把找梯子和找坑跳搞混。也有人为了保护自己，宁可选择不让自己受伤，而"加速离开现场"。

跟着跳下去是同情心的象征，同情表示进入别人的痛苦，接收对方的痛苦，并把这份痛苦当作自己的。问题是：正在受苦、过得不好的人，通常没办法找出有意义的解决之道。你有过一边哭一边顺利架起梯子的经验吗？而且通常寻求帮助的人还要承受额外的损失，因为他们失去了一个可以依靠的支点。

同情与同理是两码事，同理表示觉察到别人的痛苦，感受到那份痛苦，因而想象、感受到对方的处境。把自己和真正的痛苦区分开，才有足够的力量真正帮助别人。

很多人分不清同理与同情有何不同，所以回避和痛苦、悲惨打交道，因为担心被迫深入别人的痛苦之中，不得不直接跳进坑里。对这样的人来说，离开这种环境会比较容易，以免产生不安的感觉。在很多情况下，再深的内疚都比别人的绝望更容易忍受。我们在此无意批判，只是阐释清楚，同情也好，回避也罢，都是再寻常不过的人性。我们以自我为中心观察并批判世界上的大事小情（详见第13章"自我中心主义的陷阱：如果想挽救婚姻，时不时换位思考一下"），因而以为别人的感受一定和我们一样，反过来说，我们也必须接纳他人的感受。

事实上，每个人都能有自己的感受，并给予关心与接纳。当我们真的发自内心地对别人的处境感同身受，就能实现双赢：首先，我们自己没有掉入那个坑洞；其次，我们真的能帮助别人离开那个坑洞。这就是双赢。

# 16 | **投射与倾听**
## 提建议可能会伤害对方

一个避免好心办坏事的自助和助人的方法。

假设你与伴侣或同事发生了冲突，觉得很难受，不知所措，也很沮丧。

晚上，你与一位好友见面，你非常信任他，向他倾吐了心中的郁闷。他脱口而出："你有没有试过×计划呢？""之前我也遭遇过类似的情况，××帮了大忙。""如果我是你，我就……"每一个点子看起来都非常有建设性！奇怪的是，谈话过后，你却觉得比之前更难受了。

这是怎么回事？

大多数时候，我们基于强烈的动机提出的建议，好意都非常真挚。可惜的是，动机和效果之间存在极其细微的差别：有些事本意善良，但可能造成巨大的伤害，想一想前文提到的剪刀效应。

这个看似平凡却极其重要的认知在平日里很少被重视。比方说，假使你最好的朋友与伴侣发生了争执，或是工作备感压力，你因此给她出了几个主意。若是你自己遇到问题，也许这些建议真的大有帮助，但它们对你的好友毫无用处，因为她是另外一个独立的个体，所思所想和你大不相同。

在心理学上，我们把它称为"投射"的一个典型案例。我们很乐意把自己的想法、生活方式与解决方法投射到周围人的身上，弗洛伊德曾经一针见血地指出："投射是在别人身上追求自己未竟的愿望。"

这很人性化啊！大多数时候，我们就是不知道如何才能应对自如，但又想做点儿有益的事，只可惜帮不上忙，弄不好还事与愿违，提供建议给别人非但无济于事，还可能伤害对方。从个人的角度来看现实世界，每个人都是自己的人生专家，旁人的建议则来自别人所建构的另一个现实世界，这两个被不同的人建构的世界百分百吻合的可能性为零。因此，旁人的建议总是委婉地表达了以下观点：你所建构的真实世界错了！我对世界的感知远胜于你！改变你的世界观吧！

当我们听出了这些弦外之音，当下原本的问题又延伸出另一个问题，于是我们有意或无意地想："唉，反正他不了解我。"我们觉得孤寂，因为对方不认同我们的世界观。

典型的建议陷阱是，从我们以自我为中心（详见第 13 章"自我中心主义陷阱：如果想挽救婚姻，时不时换位思考一下"）的观点，认定自己知道什么对别人是有建设性的。错！提供建议通常也是打击，这就是为什么很多人生指南最终被扔进垃圾桶，毕竟谁会喜欢受打击呢……

假使你真的想帮助某人，那就这样做：倾听！试着理解对方的动机，并且尝试理解他所建构的世界。这真的不容易做到，因为我们有意无意地总喜欢把理解与接受混为一谈，然后由此得出：为了对方好，我们应该放弃自己的世界观，去接受别人的世界观。我们从多次引述的那把头脑中的剪刀可以知道，这样是不对的。请向对方传达："我和你在一起，我接受你的观点，我理解你的想法。"当你用这种方法给予对方支持，你还是可以问他是否想听听解决办法，不要一开始就急着提出建议。如此一来，你就能让对方感受到自己被尊重。

最后，如果容许我们给你一个建议，那就是：永远都别给他人建议。

## 17 | 锚定效应
### 薪资谈判的秘诀

每次都能借着锚定效应得到最好的结果。

你希望谈判薪资时多争取一些吗?看过第 5 章"社会比较理论:向上比较只会让人不开心"中的社会比较理论,有没有被吓到?那接下来请务必读下去!

每当我们希望或应该评估某个复杂情况或某件事情的价值时,大脑就会开始寻找比较值。

乍听之下很合理。

那么问题来了,如果我们的大脑没有找到相符的信息或数字,它就会选择一条认知捷径：无意识地只观察一部分情况，或者更糟的是完全根据喜好调整数字。每当情况不明，我们就会把自己定位在随机的锚点。

因此，我们也把这种现象称为"锚定效应"。锚定效应是心理学家卡尼曼和特沃斯基于1974年在完成他们广为人知的实验后提出的。在实验中，被试被问到联合国中有多少个非洲会员国，与此同时，被试目不转睛地看着实验人员不停地转动一个幸运轮，在轮上有从0到100的数字。结果令人惊愕，甚至震惊：幸运轮上的数字高时，被试猜测的国家数目跟着走高；数字低时，国家数目跟着下降。虽然被试明知幸运轮上的数字纯属偶然出现，他们仍将它当成回答的依据。

另一项实验证明，在一家名为"Studio 97"的餐厅用餐的顾客，其消费金额比在一家名为"Studio 17"的餐厅消费的多。

那些店名上没有数字的餐厅也运用了锚定效应，想必你已经亲身经历过。你打开一份菜单，首先看到几道前菜——差点儿昏倒，你在右侧只瞧见两位数的定价（欧元），这还只是前菜而已！当你翻到主菜那几页时，那个锚点开始发挥作用了：可想而知，主餐的价格更是高得离谱，但你已经没感觉了，因为已经习惯这家餐厅的价格水平。这也为锚定效应提供了一种解释：习惯化的力量，毫无疑问，习惯化迅速生效（详见第2章"习惯化：年假多分几次休，你会更快乐"）。

处理复杂事务时，锚点初看之下好像有用，再细看时，锚点的方向却开始扭曲变形，因此我们才会做出完全非理性且漏洞百出的决策。

现在我们可以安慰并说服自己：锚定效应对那些特别无知者或外行非常管用。但是，1987年，研究人员格雷戈里·诺斯克夫特和玛格丽特·尼尔证实了锚定效应有多强大。没错，连专家自己都被吓到了！分别由大学生、房地产专家组成的两个小组被要求估计房价，每组拿到一模一样的房地产基本信息说明，唯一不同的是手册内的价目单。研究者由此得出结论：无论外行还是专家都会受到锚点数字的强烈影响。

既然我们已经知道无法摆脱锚定效应，那怎样才能至少让它为我们所用呢？

一般而言，个人所感受到的损失或获利都取决于收到的第一个出价数字。第一个出现的数字会对接下来的过程产生巨大的影响。

这对你意义重大。比如，你有一天在法庭上因即将向对方提出赔偿而感到欣喜，于是你尽量把一个尽可能高的金额说出来。这个数字的作用就是锚点，要价较高的人得到的往往也较多！（当然如果输了，也可能要承担较高的诉讼费用……）

或者，你如果先出个价，一个明显对你有利的价格，就能从谈话及谈判中取得较好的结果。下次进行薪资谈判时，不妨一试。

锚定效应的一种特殊情况是可得性偏差，它甚至可以让我们改掉坏习惯，生活得更健康，增强我们的自信心。简单来说，就是让我们的整体生活更好。反正人类是如此单纯的生物,又常常犯错,那么至少要充分利用锚定效应……如何办到?下一章会揭晓。

# 18 | **可得性偏差**
常与肺癌患者打交道的医生,吸烟的概率更低

如何运用认知研究中的可得性偏差增强自信心?

就比例而言,因乘飞机而丧命的人少之又少,像德国近几年来没有人因搭乘客机而丧命。然而,就在你阅读这段文字的当下,在德国就有3个人死于心血管疾病。

吸烟的人罹患心肌梗死的风险明显较高,可是为什么相比吸烟,人们更害怕乘飞机呢?

大家都知道,从统计数据来看,乘飞机相当安全,飞机是"最安全的交通工具"这个概念已经深植人心。与此同时,近年

来相关部门不遗余力地告诉大家，吸烟对健康的危害甚巨。香烟盒上甚至都印着这类警告，比如"吸烟有害健康""吸烟会致命"。尽管大多数人都知道这一点，但乘飞机在他们心目中仍旧比吸烟危险。为什么？

我们就是可得性偏差的受害者，我们经常在不清楚统计资料的情况下做出决定，或者是知道某个统计资料，但不想或不能理性地运用它。于是我们用自己的记忆来取代统计数据，并且执行可得性偏差——这世界上特定事件发生的频率取决于我们记忆中的可得性。简单来说，我们认为比较容易想起来的事比不容易想起来的事更常发生。几乎每个人都能马上记住飞机失事的画面，因为空难的消息是在电视上报道的，那些惨烈的画面深深烙印在我们的头脑中。此外，空难画面提供了情绪化的素材，情绪化又再次强化了我们对于空难事件的记忆（详见第42章"闪光灯记忆：大脑如何伪造事实"）。跟上述常被报道的空难画面对比，一般人很少在新闻中看到死因是心肌梗死的报道，尽管它是很常见的死因，因此心肌梗死在人们的记忆中存在感很低。

这样一来，"飞机失事"比"心肌梗死"更容易被记忆召唤出来，于是我们以一种自动化思维的方式得出结论：因飞机失事丧命的人比吸烟致死的人多。即使别人说我们相信的是不符合统计数据的谬论，我们依然坚信如此。这种效应可以通过实验证实，它被称为"持续偏差效应"。

无论如何，这适用于那些非医护人员的"普通人"。研究显示，治疗吸烟患者的医生本身就较少吸烟，在他们的记忆中因吸烟引发疾病的画面比飞机失事的画面更加深刻。

再来看一场为我们提供重要细节的实验：被试被要求记住自己表现得自信满满的几件大事。其中一组被试必须记住6件大事，另一组则要记住12件大事，之后被试被问到如何看待自己的自信程度。你认为哪一组比较有自信，是记住6件还是12件大事的被试？尽管他们都为自己的自信提出证明，但记住12件大事的被试认为自己相对没那么自信。原因在于，他们实验时必须搜集的例子较多，到最后很难记得一清二楚。至于记住较少事件的被试，他们更容易记住，因为他们很快就能搜集到6个例子。这个实验显示，人的决定与自己记忆中发生的频率无关，主要取决于是否容易记住这件事。

这些对我们的日常生活又有什么意义呢？

基本上，未来如果你的记忆想要糊弄你，请想一想可得性偏差。有时候，最好（再一次）查看统计数据——那些真实的统计数据。

具体说来，我们可以基于可得性偏差得出以下结论。

第一，如果我们最近读了一篇关于谋杀的文章，那我们认定自己被谋杀的可能性就会比阅读这篇文章前高。阅读生病、分手和失业的相关文章时，同样的现象也会出现。所以，请不要收看负面新闻，多关注这世上美好的事物就可以了。这会加强你对好事的信念，最终帮助你感觉生活更加美好。

第二，反其道而行。想想那些常跟肺癌患者打交道的医生，与不常面对肺癌患者的医生相比，前者吸烟的人数更少。如果你希望戒掉一个坏习惯，请更频繁地与这个坏习惯导致的后果正面接触。比如想减肥，那不妨在冰箱上贴超重者的照片。

第三，增强幸福感的方式还有在处理重要事务之前，比如约会、考试、与情人见面，提前想一想过去的成功经历，这会让你觉得这一次极有可能顺利过关，为你的自信加分。借助自证预言，通常会更容易成功。

## 19 | 首因效应与近因效应
如何给面试官留下最深的印象

利用首因效应与近因效应获得升职机会。

假设你的公司在内部公布了一个很好的晋升职位空缺,你和几位同事都报名了。一个遴选委员会成立,你的上司、上司的上司、上司的上司的上司都在这个委员会里。现在你必须在几个可供选择的时间中圈选自己希望面谈的时间。你如何选择?

- 刚开始,遴选委员一定特别严格,一大早他们还很谨慎——最好选中午或晚上。
- 中午时间,大家只想吃饭——早上或晚上应该比较好。
- 到了晚上,大家肯定都累坏了,也许心里早有定论——早上或中午比较好。

好难啊！但可能也没这么难？

做此类决定时，有两条黄金途径——唯独更为人熟知的"中庸之道"反而不管用。

办法一：如果你希望遴选委员会对与你的面谈印象深刻，请挑选较早的时间——第一个最好。心理学上有一个有趣的现象，名为"首因效应"，即比起较晚到来的信息，我们更容易记住早出现的信息。因为那时还不存在其他能影响记忆存储，甚至可能干扰记忆存储的信息。

举例来说，首因效应使得谣言与偏见（详见第43章"偏见：为什么认定女人不会停车，男人不会倾听"）特别有效：如果我听到有人在背后议论我的新邻居是个"心机女"，那么即使周日婆婆来访之前她借糖给我，或在我出门旅行时帮我喂猫，等等，即使事实足以证明她是个亲切又很好相处的人，这对她、对我现在也都毫无意义了。她的一言一行，我一概解读为耍阴招或阿谀奉承。仅仅因为第一个信息在其他信息未形成干扰的情况下先被储存起来，跟之前矛盾的新信息就无法留在我的脑海中。储存起来的信息也和我们人类一样：我们最喜欢与自己相似的东西，知道这就是所谓的第一印象，第一印象很有效，直接"烙"在我们的记忆中。

但你若不是个爱早起的人，也害怕自己睡眼惺忪给主管留下不好的印象，别担心，还有第二个办法：首因效应有一个反面，也就是近因效应，即最后出现的信息给人留下最深的印象。因为它们没有被别的信息覆盖。尽管你的上司有可能精疲力竭，但你还是应该挑晚一点儿的时间——最好选最后面谈那个时间。

此外，近因效应是销售心理学中的通用技巧。回顾一下你上次疯狂购物的过程：虽然有很多建议，但你仍旧不太确定究竟要不要多花些钱，或者还没百分之百确定是否真的想买那支贵上3倍的口红，这时售货员如何推销？通常，他们会这样说"这支口红当然贵了一点儿，但颜色这么适合你，你使用的次数肯定是其他口红的10倍"或者"你如果买这款，就能通过使用它来保护我们的环境"。于是这则最后抛出的信息在你的头脑里特别有分量，最终极有可能说服你，我们称之为"最后的撒手锏"。

首因效应与近因效应彼此完美互补，如果能善加利用，便能成功地留给别人第一印象与最终印象。也许你可以争取到第一个面谈时间，下班前再"不经意"地在走廊上遇见刚完成"面谈马拉松"的上司们，你可以顺便简短地为你早上那场愉快的面谈道谢，祝他们有个愉快的夜晚。等到小组讨论面试结果时，若你一开始和最后的表现都不错，那这个职位差不多就是你的了。

如此一来，"晚起的鸟儿"终于也在科学上获得合理的"洗白"啦！

# 20 | 光环效应
## 如何打造自我魅力

这个社会心理学窍门使你更讨人喜欢。

你和丈夫在餐厅里享用一顿烛光晚餐,菜肴可口、音乐悦耳、谈话有趣,一切都很完美。

好吧,是大部分还算完美。

你注意到,那位迷人的金发女服务员刚好是丈夫的理想型,而且他从一开始就朝她抛媚眼的行为,你都看在眼里。

但是随着夜色渐浓,你越发放松,觉得是自己多虑了。因为这位女服务生简直笨手笨脚,首先是她点菜出错,接着倒酒的方向又搞混了,最后收拾餐桌时,还在众多客人面前摔碎了一个盘子。

"尴尬啊，真尴尬。"你幸灾乐祸地想，"她才不是我的对手呢，我丈夫虽然喜欢金发，但对笨蛋可不感兴趣。"

账单送来了，你用余光瞥见丈夫竟然给这位俏佳人一笔不菲的小费，简直难以置信。

"你给了差不多30%的小费！"你低声说道，"你不觉得给多少小费应该和服务挂钩吗？"

"是啊！"他很惊讶地回答，"她从头到尾都做得很好，是个优秀的服务员。"

也许你觉得这个故事似曾相识，因为你一定明白"人是视觉动物"，而且不仅限于餐厅，在办公室、学校、超市，无不如此，我们受魅力四射的人摆布却浑然不知。

这不单是一种印象，它是经过科学证实的，我们称其为"光环效应"。希腊语的"光环"意指"光晕"，我们用这个词来形容以下现象：一个人的一种特质，使得其他特质相形之下没那么突出，整体印象因此被彻底扭曲。通常是外貌，但也可能是截然不同的特质，比如某人特别有礼貌，或者是一位知名人士的儿子。如果对当事人来说，那种"闪闪发光"的特质特别重要，光环效应的影响也就特别强大。

假如某人所拥有的正面特质在我们的眼中闪闪发亮，我们便会把聪明、勤劳、毅力、社交能力、音乐天赋等几乎所有正面特质无条件地附加在他身上。反之，如果某人藏不住某种负面特质，我们就会惩罚性地贴许多负面标签在他身上。

举例来说，许多人力资源主管早就在私底下承认，他们确实偏爱颜值高的应聘者。在小组会议上，外貌出众的同事提出的"想法"特别受老板青睐，我们都不会感到惊讶。说不定在她之前已经有10个人提出一样的看法，但只要漂亮女士开口，她的见解突然就会变得高明且观点新颖。10位接受问卷调查的男性中有9位表示，外表决定职场发展。也难怪现在对有些人来说，整容手术等于对职业生涯的一部分投资。还有整容医院在纽约打出"整容是工作必需品"的广告，德国的一家诊所也曾打出广告："科学研究证实，外表出众的人比其貌不扬的人在职场上更容易被提拔。"

此言不假，无论你为此感到遗憾还是无所谓。光环效应早已于实验中被证实：美国心理学家爱德华·李·桑代克和戈登·威拉德·奥尔波特早在第一次世界大战期间就发现了，只要麾下士兵富有吸引力，为人又正直，军官们几乎就以为他们什么都会，能力超强。

针对薪资的研究经常指出，有魅力的男性比天生外貌居于劣势的同侪，薪水多出15%。一个科学的"肥胖指数"指出，体重过重将对薪资造成不利的影响，同样的现象也出现在小个子的身上。在一项有趣的实验中，被试被要求评论假想的应聘者的能力，他们都拿到了一份简历，其中一组拿到的简历贴了一张魅力四射者的照片，另一组拿到相同的简历，只不过照片上的应聘者没那么吸引人。结果可想而知，被贴上很有魅力照片的应聘者一路过关斩将。

有些人出生不久就受惠于光环效应：医院里漂亮的婴儿会得到更多的关注，受到较好的照顾，因此发育较快。

光环效应对我们的日常生活意味着什么？我们如果希望自己尽可能公平行事，就应该时时意识到这种效应的影响。我们不能任其摆布，当评判别人时，应该反向操作，尽可能采取比较具体客观的标准。但是，我们有时候也许比较偏爱长得好看的人，因为他们在视觉上美化了我们的环境。这无可厚非，但我们应该意识到这一点。

相反，假使想受惠于光环效应，但老天爷并没有给我们超级名模的身材与脸蛋，倒不一定非要挨上几刀。请记住光环效应：只要是评判的人觉得重要的特质，就能与所有特质一起发挥作用。因此，假使你的上司特别欣赏某个记忆力超强的人，你就刻意展现自己记忆力强，以便给他留下好印象。然后，除了记忆力强，他还会认为你身怀其他绝技。当你知道面试时的主考官重视运动员精神，请告诉他，你曾在青少年组比赛中赢得冠军。有些人或许会把这个称为"拍马屁"，我们则有科学根据地称它为"投其所好"。

## 21 | 适应压力源
### 面对压力的最佳解决方法

压力研究的最新发现有助于你度过艰难时刻。

下午 3 点半，在你老板的办公室里，他在你面前、在自己新买的那块高级地毯上气得跺脚，血压飙升的征兆非常明显。他喋喋不休："你上周完成的那些工作，我都不好意思提。你在计划书上填写的数字错得一塌糊涂……还有，你难道不觉得自己应该在上午 10 点前到公司？你是不是觉得能来就不错了？我觉得该有人给你些压力了！来，我有件事要交给你……"

一个文件夹砰的一声落在你面前的桌上，你老板因为这一丢差点儿摔倒，他刚好抓住桌角，才保持住平衡……

"……明天早上必须完成,听懂了吗?现在给我滚出去!"

你深吸了一口气,人才站到走廊上,老板就已经在你身后将门砰一声关上。

你还有好多话没说呢!那些错误的数字其实根本不是你提供的,而是另一个部门的人干的好事。还有,今天早上地铁又出现故障了,以及你手上的这项工作完全不可能明天早上就做完。以下反应激烈指数从 1 到 6,你会选哪个?

(1)回到自己的办公室,打开柜子,拿出一根棍子,然后走进老板的办公室……

(2)□

(3)□

(4)□

(5)□

(6)回到自己的办公室,在浴缸里泡个泡泡浴,拿着一杯香槟酒躺进浴缸,然后打电话给几位闺密……

我猜你的回答既不是选项 1 也不是选项 6,因为如果你的心智状态还算正常的话,你会知道办公室里既没有棍子也没有浴缸。或许,你手下的女性针对选项 1 的反应是:"男人都这样。"与此同时,针对选项 6,男性脑中闪过的则是:"女人都这样。"身为男性的你可能会选选项 2 或 3,而女性倾向于勾选选项 4 或 5。(情况总有例外,你如果碰巧是另外那个,也千万别激动。请继续阅读……）

全都是陈词滥调？不，其实很科学！近几年有科学证明，面对压力，男性和女性的反应确实不同。

所以，我们在此要谈面对压力的反应。我们在感受到压力时，都能表达出来，但究竟什么是压力呢？"压力"这个词原本只出现在物理学课本描述物质上压力的章节里，直到 20 世纪初，匈牙利医生汉斯·塞利才把这个术语转到心理学上。压力指我们身体针对特定的触发因素，即压力源，所产生的反应。压力源是导致人体失衡的不寻常事件，要求我们做出适应性反应。

压力源可能来自外部：早上的厨房里，正当我们赶时间时，咖啡出乎预料地洒了一地；昨晚临下班前，老板塞到我手上的工作；路上那个突然在我前方出其不意地紧急刹车的新手司机；岳父母突然告知他们要在你日程排得满满的周末来访。

压力源也可能是内在形成的。比方说，设定目标让自己备感压力：参加城市马拉松并跑进前 10 名、今年一定要晋升，或者发誓要减掉 10 千克体重（2 千克也行）。害怕也可能是内在的压力源所致，比如我们晚上光顾酒吧时提心吊胆，唯恐遇见前男（女）友，或担心和同事的暧昧被曝光。

随着我们适应压力所需要的资源超出能力范围，比如时间、金钱、力气，或者能派上用场的技能，压力感会进一步增强。不同的人拥有不同的资源可供调度，同样一件事在某人身上引发极大的压力，但另一个人就觉得不痛不痒。每当觉察到自己根本无法控制的因素要触发时，压力也就特别强烈。如果老板不但丢给我们太多工作，而且对待我们不公平，也不给予我们机会辩解，那么我们的心跳就会加速。

适应压力分三个阶段。身体在第一阶段会出现报警反应，这是一个短暂的刺激状态，使我们对接下来的发展保持警惕与敏感。举例来说，脉搏加快，呼吸频率增加，淋巴结肿大，激素浓度也会上升。若压力不消退，身体反应就会进入第二阶段——抵抗。我们调动资源抵抗压力，但如果压力持续得更久，我们有些时候会感到疲倦，精疲力竭，于是不断生病。

压力研究已经在人类和动物身上进行了好长一段时间，但直到最近人们都还认为面对紧急压力的普遍反应是战或逃。人们以为人类和狗要么直接扑向压力源，要么逃跑。我们在公园里也可以观察到这种现象，在狗身上一定看得到，有时候人类也是如此。

直到10年前才有人注意到，这项研究主要评估的是雄性动物（和男性）的行为。突然间，我们在女性身上找到了截然不同的模式——照顾和结盟。这就是第三阶段。男性变得好勇斗狠的同时，处于压力下的女性会更悉心照顾自己和后代，并维护她们的人际关系。

这个模式源于早期的人类：对独自狩猎的男性来说，与攻击者战斗，或者从对方身边逃走，是有利的，但这些办法对照顾后代的女性来说都不适用（其后代又该如何以战或逃的反应赢过敌人）。对女性来说，保护后代，并且结交其他女性，在危难时刻，她们能伸出援手，这样比较好。

绝不是反对泡个澡，或者来一场激烈的打斗，但正如前面的例子所显示的，这两种纯粹形式的选项都不是现代社会消除急性压力的理想方法（虽然有些人此刻想要反驳……）。

这两个选项各有各的道理：研究显示，拥有良好社交网络的人在面对压力时更游刃有余，在生病时能更快恢复，而且社交网络有助于其重新获得控制权，也就是战斗。

这对我们的日常生活有哪些帮助呢？一方面，我们如果能预测其他人面对压力时大概会作何反应，与他们打交道就会比较轻松；另一方面，我们可以学到一些应对下一个压力的方法。请你有意识地把大自然赋予我们的这两种方法结合起来：照顾和战斗。本章开头所举的例子，理想的解决方法看起来如下：先回家，然后享受泡泡浴，打电话给朋友，给自己充足的时间——第二天早上非常平静、就事论事地向老板提出你的意见。

## 22 | 自我效能感
你现在不快乐的理由

自我效能感是快乐的钥匙,而且通过小事就能得到。

让我们延续上一章的办公室悲惨日常:老板又在挑你的毛病,只会把无聊的项目推给你,好像这样还不够悲惨似的,公司最重要的客户还投诉了你。

晚上,累得像狗一样的你坐在沙发上,心里怎么想呢?

• 老板就是不喜欢我,他显然偏爱另一位同事——想必是因为光环效应(详见第20章"光环效应:如何打造自我魅力")。

• 今天是满月,所以不是我的幸运日。不知怎么搞的,最近所有人都在针对我,无论我做了什么,他们都不满意。

- 主要原因在我,明天,我就用不同的方式做一些事。

你如果选了最后一个选项,一开始可能会有点儿痛苦:晚上你躺在沙发上,独自吞下自己所处困境的苦果,并负起责任,心头仿佛有千斤重担。但与勾选前面两个选项相比,你更有可能多活几年,而且活得更快乐。

一个人对生活是否满意、有多满意,在很大程度上取决于他的控制感有多强,就是以下这股信念:我对自己生活中发生的事情具有掌控力。我们在第3章"基本归因错误:别把罪过都推到别人身上"中已经提到,在我们的文化中,普遍认为要对特定事件负责的应该是相关人员,而非外部环境。这里的具体问题是,你在多大程度上认为你就是那个能一手掌握自己生活中所有大事的人,而非被周围人左右的人。

人会不快乐,原因可能有很多,其中一个原因几乎可以在所有郁郁寡欢的人身上看到:他们失去了对自己生活的一个或多个领域的控制。你是否有过无能为力、彷徨无助的时候?你觉得自己就像个傀儡,只能任人摆布?失去了对自己的控制?这些不仅让人很不快乐,还会使人生病!这种因长久性的他律(受个人之外的力量影响)而造成的最常见的后果,就是心肌梗死与抑郁症。

值得庆幸的是,你可以改变它。有一个反概念,即自我效能感:我可以塑造自己的生活!我可以用自己的力量改变事情!

这与我们经常在杂志上读到的"翻天覆地改变生活"之类的

文章完全无关（这些人彻底改变了他们的人生：42岁的西尔维娅从成功的职业女性转变为在非洲服务的修女，38岁的斯蒂芬从大城市坚定不移的单身贵族到自给自足并建立重组家庭的村夫）。即使是非常微小的改变，也足以使你重拾对生活的控制感，并感到心满意足。

改变可以小到什么程度呢？一项在养老院进行的有趣实验会告诉我们。住在养老院的人常常觉得自己的生活起居受人摆布，因而觉得痛苦，于是有人告诉他们，可以自行决定是否在房间里摆一盆植物，而且全权负责照顾这盆植物。对照组则是"按照规定"得到一盆植物并被告知院内工作人员会接手照料工作，他们什么都不必管。

后来有人问这些被试对自己生活的满意程度，结果令人惊叹：获准在一些看似微小的细节上（比如决定养一株什么样的植物）有决定权的那一组，对生活的满意度比对照组高得多。更令人讶异的是：1年半之后，在小事情上被赋予决定权的那一组，死亡率为15%，而对照组是30%，也就是说，对照组的死亡率高了1倍！

因此，我们给你的建议是：时不时地打破常规！打破例行公事与规则，尤其是那些想当然的规则。从小处着手，否则容易乱套，每天都抛掉你的成规，一点一滴地重拾你对生活的控制感吧！

比方说，开展小组讨论时，有趣的项目向来只分给某位同事，你就开口表态："我很想接下这份任务！"老板会对你的积极参与感到高兴。如果私人生活中，最要好的朋友每天都要占用你4个小时的时间，事无巨细地诉说她遇到的问题，你就说："我现在想独处1个小时。"

还有一些看起来毫无希望的情况——那些我们已经尝试过无数次改变却总是行不通的事情。也许你会想："永远都做不到！"但是，万一能做到呢？让我们举一个例子，你觉得一大早起床是件痛苦万分的事，但公司规定早上7点半就得到办公室，虽然办公室在这个时间点根本没有事情要处理。你真希望早上能多睡1个小时，再晚下班1个小时作为补偿；你不止一次地就此问过老板，每次他的回答都是"不行"。有一个技巧对95%的类似情况都奏效：很少有人会拒绝暂时实施一周（晚到1个小时）的提议。

你不会靠着一些小事就改变全世界，况且这也不是我们的目的，但这关系到快乐，它能让你在晚上带着快乐的心情入睡，因为你收回了一小份对自己生活的控制感。另外也关系到你能否多活几年……

## 23 | **自我暗示**
如何重拾对生活的控制感

为什么你的潜意识与内在的惰性共存，又如何骗过它们？

尝试再一次戒烟，却还是失败？立下新年新愿望，却没有实现？努力尝试解决与邻居之间僵持不下的纠纷，但邻里争执一直没消停过？

内在的惰性为什么如此强大？我们要如何反抗它？

我们为什么总是死守着自己不幸的境遇、各种各样的强迫症，以及折磨人的冲突不放，虽然明知道这样不好，却又一再明知故犯？

答案比想象的简单：因为这样给了我们安全感！

"我该不会疯了吧？"此刻你的心里大概这么想。种种束缚限制了我们，造成我们的依赖和不快乐。

束缚，一方面是让人难受的累赘，另一方面在我们的生活中形成了一个美丽的牢笼。我们已经看到：人类的大脑热衷于控制——无法忍耐不受控制！它紧抓着所有让它控制或伪装成受它控制的东西，随便哪种牢笼都好，即使那个牢笼是因束缚与问题而形成的。这个基本的牢笼赋予我们一种控制的错觉。控制的错觉与让人快乐的自我效能感是近亲，我们之前谈过自我效能感（详见第22章"自我效能感：你现在不快乐的理由"）。

在这种情况下，请允许我们发表几句存在主义的言论。我们不愿承认的是，与世界上发生的大事相比，我们只不过是一家大型工厂里的一个小齿轮。有时候我们能靠自己的力量自转，但更多的时候是身不由己地随波逐流。我们当然一直都想知道自己的未来是什么样子，以便做好准备，但最终我们还是会假装，仿佛我们掌控着一切。只有当我们非常诚实地面对时，我们的生活才可能发生改变。我们遭受命运的打击，或者获得好运，这一切都没有我们的主动参与或刻意作为。我们能以维持健康的生活方式，来提高或降低某些特定情况发生的概率。一旦我们的生活有困难，立刻就会觉得人生很苦。

希望这些解释能让你对存在于自己心中的某些倾向更敏感，原因在于还有一个强大的内在对手：我们独特的潜意识，也就是我们的惰性。我们的潜意识无法忍受不确定性与变化！

当我们有意识地将习惯、束缚、问题或冲突强加于自身时，我们的潜意识多半会强烈反抗。虽然生活中有很多事情难以预测，而且几乎无法控制，但仍旧有一个巨大的常态、一个维护一切的生活框架：问题、束缚、内在与外在的冲突——无论何时、何地、如何产生、与谁有关。当我们实际上一无所知时，多亏这些问题、束缚与冲突，让自己依旧确切地知道身在何处、什么是对或错、应该做或不做什么、什么时候搞砸事情了、对哪些问题了然于胸、哪些是绝对不想要的，以及哪些会一直维持不变……我们以为生活尽在自己的掌握之中，我们的潜意识在这种错觉中感到非常舒服。

事实上，值得庆幸的是，截至目前，一切保持原状，和从前一样。尽管有时候这为我们带来不适与痛苦，但至少我们有一些安全感（觉得能够控制），以及（表面上的）自我效能感。

此刻，一切看起来都很清楚明白，我们因此也要对如何才能真正发挥自我效能感提出建议：哪里有阻力，哪里就有通道！

其中的奥妙在于，你可以将这些概念在日常生活中付诸行动：如果发觉自己在思考，例如"呃，吸烟其实也没那么糟，我就认识活到90多岁的烟民"，"决心是用来打破的"或者"该怎么办，怎么说都得向邻居踏出第一步才对"，那么你大概就已经分辨出防御和反抗的概念了。

你可以骗过你的潜意识。首先，请自问"还有什么事会让情况变得更糟",然后用最夸张的方式去想象最悲惨的情况:肺癌、邻居的头上插着一把斧头……接下来问自己第二个问题:"我是否希望事情演变成这样?"想必你的答案是斩钉截铁的"不"。请你制作一份"代价表格",哪个代价更高:任由一切走向灾难,还是开启一个有目的的、有望持续成功的进程?

这样,就能促使你采取行动、做出改变。

其次,我们的潜意识如果不是潜藏在内心深处,它就不能被称为潜意识。潜意识特别容易接收频率相同的信号。请用潜意识的编程设计,用自我暗示智取,把它蒙过去。举例来说,你在心中复读:"我使用自己自由意志的力量,从现在开始过无烟生活。"一遍又一遍地重复。重要的是,找到一种简洁又积极的说法来描述你的目标。

当然,我们不是想要取悦全世界,并在全世界获得幸福安康。我们只是调整自己的潜意识以便为改变过程做好准备。在充满压迫、麻烦和冲突的情境中,已经储存在意识里的许多想法和解决方案会避开有意识的获取,但通过以上方式可以逐渐被释放,从而转移到意识中。这也就是真正有效的积极思考。一切都会变好!

## 24 | 控制的错觉
### 阴谋论源自大脑的彷徨无助

控制的错觉能帮助你,但要特别小心这些错觉。

请看看这张图,你看到了什么?

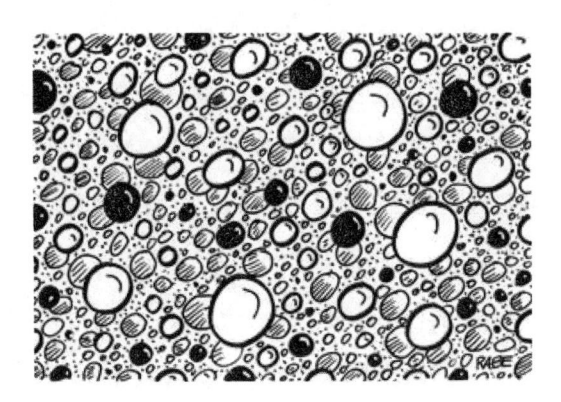

你认为图上的圆点是什么？是动物，是树木，还是什么都不是？你的答案多少会透露出你当下的身心状态。稍后，我们将详细介绍。

首先来看一段著名的电视剧情节，你还记得电视剧《欲望都市》中那段现在已经成为经典的对话吗？剧中的一个角色问自己为什么那个前不久认识的男人还没回她电话，她找了各种可能的理由，直到有人对她说："他其实没那么喜欢你！"这个情节一夜之间成为经典，大家为之疯狂，甚至后续还出了一本书与一部电影，书名和片名与这句对白一模一样。书和电影的主题皆为：我们如何用各种废话对自己解释这个世界？

我们在前文已经读到：感受到自己对生活有掌控力的人，既快乐又健康；缺乏掌控力的人，不快乐也不健康。关于控制的经验，又分为几个不同的等级。当我不仅能理解其中的关联性，还能对它们施加积极的影响时（例如，我知道电话的功能，知道我有朋友们的电话，我随时可以打过去——不过这并不重要），我拥有控制力是最重要的。有的事情，我们虽然无法直接施加影响，但至少能够为其找到解释。光是这个"自主的解释力"就让我们觉得拥有一定的控制感，如果知道因果关系，我们就可以预测特定的结果。如果我们改变起因，理论上也可以改变后续的结果。

最糟糕的是两者都缺：我们对某件大事既没有影响力，又无法给自己一个合理的解释。这时，我们会觉得自己被一个混乱的意外或某种解释不清的偶然耍得团团转，导致我们完全失去了控制感。此外，虽然有一个显而易见的解释（"其实他没那么喜欢你"），但我们不想接受这个解释时，也是如此。在这种情况下，我们也显然"欠缺"一个针对这件事的解释。

这种无力感令人难以忍受，以至于我们的大脑容不下它，拼命地试图重新夺回控制权，因此踏出的第一步就是找到一个解释。

研究显示，我们越是失去控制力，对身边事情的解释就越天马行空。我们来看看你对本章开头那张有很多圆点的图的诠释。实验人员拿同样的问题问两组被试："你在这张图上看到了什么？"在这之前，两组被试做了不同的想象力练习：第一组要想象一个亲身经历过的、自己无法解决的情况，第二组则回忆一个他们完全放松且控制得宜的情况。

不同的想象力练习极大地影响了被试在这张图上看到的东西。放松组不费吹灰之力就正确地说出："它没有任何规律。"之前想象无助状态的另一组则在这张图上看到很多（事实上不存在的）图案与规律，比如动物、数字和单词。即使给这两组被试看乱七八糟的股市资料，之前想象无助状态的那一组也能从中看出趋势及规律，另一组看见的只是一堆杂乱无章的数据。

结论：我们在感到无助时，会觉得草木皆兵，然后随机拼凑出一个解释。我们越是能控制自己的生活，就越能接受某些事只是无序的混乱而已。

现在，说实话，前面那张图既无秩序也没有形状，只是许多圆点的混乱集合。如果你也这么看那张图，表示你目前的生活完全在自己的掌控中。对这张图的秩序诠释得越多，越表示你可能迫切需要控制感，因此也表示你目前的生活欠缺这种控制。

举例来说，当你觉得无助时，迷信是大脑拼命试图找出的对事情的解释，包括阴谋论也是出自我们对控制的需求。比方说，2001年9月11日世界贸易中心遭受毁灭性的撞击后，西方世界罕见地感到束手无策，也罕见地创造出许多前所未见的阴谋论。网站甚至电影中充斥着各种各样的解释，比如美国情报机构自行策划撞毁了世贸中心双子塔的传言甚嚣尘上。

对"借由解释来控制"的需求，也可能使得股市陷入灾难：局势越是一筹莫展，投资者就越能"看出"股价走势中根本不存在的模式和规律，因此越发确信自己能控制一切——导致自己（以及别人）损失惨重。

大多数人都知道，烟囱清扫工不会带来好运，看见黑猫也不会倒霉。但时不时反思一下，看看自己是否在用牵强的解释让事情显得合理。也许其中有一个很接近事实的解释，但我们就是不想承认；也许的确没有解释。让自己有意识地接受并容忍没有解释，这是一个很好的练习。

## 25 | 人为稀缺性
### 单身的人一定要知道的事

借助广告心理学的人为稀缺性,提高自己的市场价值。

你最好的朋友自从交了新男友,就不断有人约她。以前她无人问津,现在却人见人爱,邀约一个接一个,受欢迎到几乎应付不过来的程度。难道这一切只因为她又年长了几岁,手上戴了一枚新戒指,眼角多了些皱纹吗?

她的市场价值不减反增,竟然违反自然法则,这是怎么做到的?难不成有奇迹发生?这也太反常了,不是吗?那么,你有没有可能也为自己的人生创造类似的奇迹呢?

我们可以快速地用广告心理学的几个简单花招来解释这个"奇迹":你的好友用人为的手段创造了自己的稀缺性。

每当你想坚持自己在谈判时的立场,同时抬高自己的"价格"时,你就可以用"人为稀缺性"这个策略。我们的市场遵循供需法则,价格会反映出两者之间的关系。

我们通常认为,产品的价格体现了该产品的价值——越贵越好。这也表示价格高(表面上)"证明"这个东西很难买到,因为它太抢手了,市面上供应有限。

正是基于这种逻辑,我们才应该好好利用人为稀缺性。也就是说,我们限制产品的可得性,让别人不能轻易得到我们的产品。无论是什么,我们全都加上种种限制。我们就是用这种方法哄抬价格的。举例来说,如果保时捷公司希望以高于 20 万欧元的价格将保时捷 911 Speedster 车款迅速售出,那么制造商只需生产 356 辆限量版,就能达到目的。不出所料,这些跑车推出的第一天几乎就销售一空。

当然,我们在非奢侈品上如法炮制,人为稀缺性也会发挥同等作用:为什么有些产品会限时又限量?有些折扣活动设定的时间短暂,而且"破例"只能延长一小段时间?你想一想电子产品市场上的"特价出清"、银行与开发商推出有名额限制的利息优惠贷款活动……某个价格就只能持续到某日的某一时刻,一秒都不能延长,你以为这当中有客观合理的解释吗?

从心理学的角度来看,为什么人为稀缺性会提升同一产品的吸引力——尽管产品还是原来的产品?我们可以用努力合理化与认知失调理论(详见第 11 章"认知失调:为什么明知是错误的选择却仍顽固到底")来说明:如果我为某个目标付出了大量努力,事后我就会觉得达成的目标特别珍贵。我很难想象:"我为了它费尽心思,结果什么也不是,根本不值得我努力。"更见成效的策略是,把成功因素归结为个人特质,也就是自利性偏差,自我欺骗并让自己承认:"我为了它流血流汗,它果然太棒了,千金不换!"

我们也热切希望被别人视为独特的人,期望自己与众不同、独一无二。我们该怎么做呢?我们购买那些不是每个人都拥有的东西。现在,我们从中学到什么?

第一,谨慎面对折扣活动!请评估是否值得花那个钱,有时候你可以花更少的钱买到更好的东西。

第二,更重要的是,你如果目前单身,想交朋友,可千万别显露出来。想办法骗过你的"心仪对象",想方设法让对方明白,你不仅十分抢手,而且很不容易动心。这绝对不是说你不该在其面前常出现——如同你将在第 26 章"简单暴露效应:如何让人从心底里喜欢你"中读到的那样,你只是很难被攻克而已!让其他人手忙脚乱、煞费苦心,你就是那个奇货可居、价值不菲的珍宝!(当然,你得继续保持友善亲切。)不用多时,你就会找到一位专一认真、因认识你而心存感激又以身为你的护花使者为荣的人。

## 26 | 简单暴露效应
## 如何让人从心底里喜欢你

运用简单暴露效应让你与伴侣缔结婚约,以及奉承你的上司。

一部好莱坞浪漫喜剧的第一幕:男女主角意外匆匆邂逅,或许男方只是把伞忘在了面包店,而女方在后面提醒他。第一眼,两人都不觉得对方特别糟糕,或者让人印象深刻。这绝对不是一见钟情,两人很快就忘了这场不期而遇。

然而,身为观众的你知道:这两个人有朝一日会结婚!

隔天,他们碰巧在午餐时相隔不远,这以后巧遇更加频繁,因为男方刚巧换了工作,新公司和女方上班的地方位于同一条街。两人晚上经常在公园偶遇,因为他们下班后还要出门遛狗。

他们坠入爱河，结婚了，虽然他们一开始根本就不在意彼此。这是好莱坞的异想天开吗？让我们来看看真实情况。

两个一开始对彼此完全不感兴趣的人可能突然喜欢上对方，只因为他们不经意地频频对视？这是好莱坞瞎编的？

不是，这种效应已经有科学证明，我们称之为"简单暴露效应"，即某些人（东西也行）越频繁地出现在我们眼前，我们就越喜欢他们，好感与日俱增。这完全是自发的！无论是有意识的，还是不经意间的，我们只要更常见到一个人，就会觉得对方越来越令人喜爱且富有吸引力。唯一的条件是：第一次邂逅的时候，对方并没有让人反感。因为如果第一面很糟糕，随着见面次数的增加，你会更讨厌对方。至少第一次见面时保持中性的评价，对方的吸引力才会随着见面次数的增加而递增。

一场在进行小组讨论的大学教室内开展的实验证明了这一点：有人把几位扮演实验同谋的女孩带进一间大教室，她们不跟任何人交谈，也不参与课堂互动，只是坐在座位上，下课后就离开。不同的实验同谋经常去上不同的课——次数从0次到15次不等。事后，有人拿实验同谋的照片给真正的大学生看，问他们觉得照片上的人有多迷人、多有魅力？

结果是，充当实验同谋的女孩出现在教堂里的次数越多，这些大学生就越觉得她迷人、富有吸引力，尽管他们一句话都没和她说过！

邻近效应也建立在简单暴露效应上：在我们附近的人最有可能成为我们的朋友。所以，与住在另一个州的人比起来，我更容易与住在同一个城市的人成为莫逆之交，这不足为奇。但邻近效应主要在自家所在楼层、走廊上发挥功效，在大学生宿舍里进行的多项实验显示，大部分住宿生与住在隔壁的学生交情深厚，与住在走廊尽头的人却鲜少往来，虽然走廊尽头只有几米远，也住着有趣又讨喜的人，而且跨越这几米建立一份友谊又不是什么天大的难事。乍看之下，邻近效应似乎平淡无奇，但它的强大程度令人惊奇。

关于我们为何会有这样的行为，我们已经在第4章"图式与启动：如何与讨厌的同事改善关系"中解释过。在大脑中发展出来的图式会帮助我们处理反复出现的情况。某种模式越是活跃地频频出现，大脑内的处理流畅度就越强。我们越是能够轻松地处理一件大事，就越觉得这件大事令人愉快。简单来说，人类的大脑很乐意少干点儿活。

简单暴露效应不仅在我们与人邂逅时产生，它也适用于事物、情况、话语。比方说，我们听广播时，短短两分钟内同一品牌的广告插播了两次，显然这就是建立在简单暴露效应上的营销策略。大型营销预算案，也就是尽量多地把品牌在各个角落"展示"出来，真的会影响我们，即使我们平常并未有意识地注意到它，或者不想承认自己注意到了它的存在。

真理甚至也会因重复而形成：一旦我们不止一次听到某种陈

述，就会以为那是真的。脱口秀中的来宾经常彼此痛斥："你所坚持的，不会因为你不断重复而变成真理！"但这句话已经被证明是错的，这种真相效应已经被研究证实。那些不停叙述相同的陈词滥调的人，我们或许觉得他们很讨厌，但总有一天，人们会相信他们说的话。

我们如何运用以上知识呢？

第一，千万别指望看一眼就坠入爱河！世上有多少人花了一辈子的时间约会，希望第一次见面就遇到一见钟情的对象，可惜事与愿违。你俩看第一眼时如果没有特别的好感，那么不妨尝试着再多看几眼，看看事情接下来的发展。总之，时间越久，你会越来越喜欢自己的约会对象——无论最后是否发展为一段恋爱关系，或者只经营出一份友谊，这取决于你是否觉得对方具有性吸引力。性吸引力是一段成功关系的先决条件，即便是简单暴露效应也无法与之抗衡。请你把阅读这一章所获取的知识和人为稀缺性（见上一章）联系起来：你虽然频频亮相，但想追你可没那么容易。

第二，希望让某人喜欢你，你只要经常在他附近驻留，尽量在其面前频频亮相。举例来说，如果上司比较欣赏你，这对你的工作会大有帮助。这个方法对男员工的女上司更见效：也许你截至目前连看都没看过她，但她肯定对你升迁与否有发言权。你也可以从现在起就开始制造她对你的好感，时不时与她相遇，比如早上不经意地在走道上碰见她，或在员工餐厅内常常与她一起排队。等到某个时刻，这位女上司会打心底喜欢你——你甚至还不曾被人亲自介绍给她呢。

第三，如果你想推销一则"真理"，请像转经筒似的不断重复。俗话说"水滴石穿"，真的一点儿都不假。

第四，请小心不要让别人用同样的廉价伎俩来操纵你。

## 27 | 相似性原则
### 毁掉婚姻的不是"浴室里没拧紧的牙膏盖"

相似性原则有助于你对生活做出精准的预测。

你与闺密在一家意大利餐厅共进午餐,她对自己的新男友赞不绝口:他帅呆了!这也不奇怪,谁叫他是巴西人呢。他天生富有节奏感,擅长音乐,是乐队的吉他手,所以有机会跟着乐队环游世界。"他在一个地方最多居住两年,不然他会觉得太无聊,这是不是很刺激?"闺密在享用沙拉和意大利面时,开心又激动地笑着说。

闺密在一个乡间小镇长大,她现在仍然住在那个地方,在银行人事部任职的她只在每天上班时才乘车来到城市。下午4点,她准时下班，满心欢喜地回到家，和她养的两只猫窝在沙发上。

你对闺密的新男友有何看法？

- "你呀，真是幸运儿！这男人让人心跳加速啊！他就是你寻寻觅觅的真命天子，跟他在一起，即使过了30年也绝不会乏味。我就说嘛：你俩互补！"

- "忘了他吧，他不适合你，'同类相吸'这句话可不是随便说的。"

好吧，这里有个问题：我们的传统观念中有两种看似完全矛盾的智慧。我们喜欢相信互补的故事：那位与我们截然不同的白马王子出乎意料地出现在我们的生命中，丰富了我们的人生，打开了新鲜又有趣的世界大门。我们喜欢把两个互补的伴侣看作一种共生现象。相反，鲜少有人希望找一个与自己十分相似的人当另一半。大部分人会说"这样岂不是太乏味了"，或者"我可不想和自己的影子在一起"。

那么，对一段长久的关系而言，什么样才是真的比较好呢？科学的回答很明确：两个越相似的人越有可能长相厮守，两人之间的差别越大越有可能劳燕分飞。"同类相吸"获得压倒性胜利，这适用于所有条件：出身、年龄、教育、职业、爱好、政治观点、个性和沟通方式。

相似性原则在各方面通常都让互补性相形见绌。我们都对令人兴奋的人怀有强烈的渴望，但请仔细想想：你认识的哪对夫妻分手的理由是"我们两个太像了"？看吧！"我们的差异实在太大了"倒是比较常见的理由。

就算是"浴室里没拧紧的牙膏盖"这个传说中毁掉许多伴侣关系的问题，其实也从来都不是问题。只有在两个人对于整洁的标准不同，即一人深感困扰而另一人无所谓时，没拧紧的牙膏盖才会是问题。如果两人对井然有序或杂乱无章的评判标准一致，没有谁会为了一管牙膏发生摩擦——不管它这时拧没拧好。

无数研究清楚地表明：互为伴侣的两个人越相似越好！最有望成功经营的关系，真的就是与和自己一模一样的人在一起！你不信？研究指出，我们甚至觉得那些容貌与自己相似的人特别有吸引力——将自己的脸部特征（颧骨、下巴的形状、位置和比例等）"换算"到异性身上。现在，请被试从多张照片中挑出自己认为最有魅力的一张，他们会（在不自知的情况下）毫不犹豫地选那张和自己简直像一个模子刻出来的脸！这被称为"社会同质性"，主要是描述人类会被与自己相似的人所吸引的现象。我们经常观察到一对对伴侣看起来很有夫妻相，真的就是如此。

相似性原则当然不只适用于爱情关系，事实证明，我们与朋友、同事、邻居越是相似，相处起来就越融洽。对我们而言，他们就是比较讨人喜欢。

我们已经提出一个解释——简单暴露效应。它确保我们觉得经常出现在自己面前的人、事、物比较有吸引力。我们每天跟谁面对面最频繁呢？我们每天在镜子里看见谁？没错，我们自己，所有与自己相似的东西，我们在头脑里处理起来更加容易。正是由于大脑很乐意少干点儿活，所以喜欢所有它熟悉的一切。比起和陌生人建立关系，我们与已经"认识"的人建立关系的压力比较小。除此之外，我们还会看见自己被相似的人喜欢及肯定，这满足了我们对爱与肯定的需求。

你可以根据这个知识为上述例子选一个唯一正确的答案。假使你仍不太确定刚刚认识的这个人究竟是一场短暂的艳遇，还是此生挚爱，那么请真诚地比较你俩有几分相似。

但是，正如前述，相似性原则不仅仅对爱情有益，对许多其他事情也一样。比如你去应征一份工作或想租下一间公寓，对方越是觉得你和善有礼，你成功的概率就越高。换句话说，共同点越多越好！因此，如果可以，请尽量和那些在年龄、出身、教育、家庭状况和爱好等方面与你十分相似的人定下一个面谈时间。事先尽可能多打听清楚与你面谈的人所具有的特质，然后在面谈时将所有的相似之处都展现出来："啊，如果我没记错，咱俩以前都踢过足球。我和你一样，是南非队的超级粉丝……"这可比任何证书都有用——请相信科学依据。

## 28 | 平衡理论
### 为什么家庭聚会从一开始就不是轻松愉快的

社会研究的平衡理论传授给你一个促进家庭和谐的诀窍。

你计划邀请朋友和家人来参加一场活动——假设是一场中型的婚礼。你很高兴,主题浪漫唯美,是很棒的聚会,大家齐聚一堂真好。

真的好吗?

且慢!不是说你的妹妹和嫂子相处得不太融洽吗?你的老同学皮特多年来和××针锋相对……万一这两个人遇到了怎么办?还有,怎么安排座位?其实这两个人,你都喜欢。呃,也许当时皮特夸大其词了?仔细想想,嫂子也并不无辜,甚至她还有些阴险狡诈!

我们喜欢的人瞬间就在我们心中跌落了。

这一切如何解释？

社会研究中的平衡理论为我们做出了解答。它是一种态度理论，解释了我们的意见和态度的成因，以及它们是如何适应与改变的。

我们假设有三个人，在简单的情况下，这三个人处于一种三角关系中，就像上述例子中的你和妹妹及你们的嫂子一样。三个人各有各的想法和态度，而且会倾向平衡。一旦平衡被打破（这在人与人之间应该挺常见的），会怎么样呢？我们会感到不舒服，寻求恢复和谐关系的方法。既然改变别人及其想法简直是不可能的任务，那我们为何不走一条阻力最小的路？那就是改变自己！我们会实时修补好内在的平衡——我们已经在介绍认知失调的章节读到（详见第 11 章"认知失调：为什么明知是错误的选择却仍顽固到底"），人通常倾向于这么做。

这一切又是怎么回事？ 1946 年提出相应的"P-O-X 理论"的著名心理学家弗里茨·海德对此做出了解释。这里的 P 代表我们自己（person），O 代表其他人（other），X 代表任意 $n$ 个认知对象，比如一部电视连续剧、一件家具，也可指第三个人。这个三角关系中的态度可以是正面的，也可以是负面的。

可惜（有时候也可以说是幸好），我们无法直接观察心理过程，也无法直接洞悉别人的内心。因此，心理学经常用类比来模拟肉眼看不见的思考过程与感受。比方说，大脑经常被视为和计算机及相应的计算过程类似。海德把一个源于数学的基本规则转用在人际交往的理论上，即负负得正。他说，如果认知的产物是正面的，三角形就是平衡的。

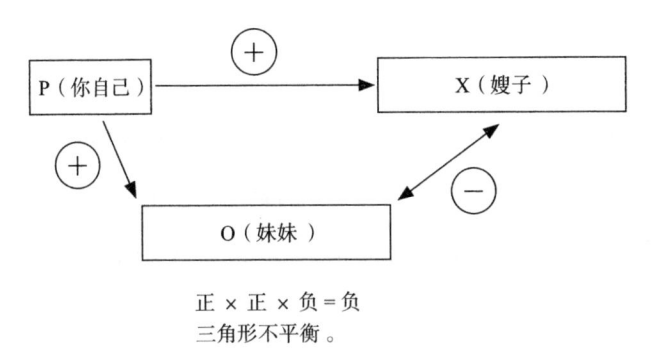

```
P（你自己） ──+──→ X（嫂子）
     │              ↑
     +              −
     ↓              │
     O（妹妹）──────┘
```

正 × 正 × 负 = 负
三角形不平衡。

我们还有一个问题，为了确保 P（你自己）恢复和谐与平衡，在此提出两种解决方案。

【方案一】你被妹妹说服了，也觉得嫂子很笨。

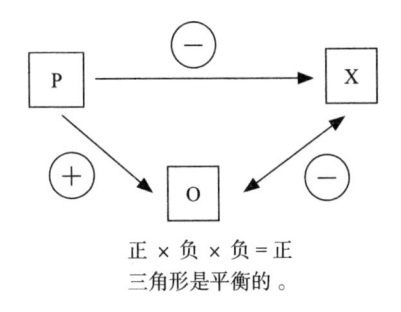

```
P ──−──→ X
│        ↑
+        −
↓        │
O ───────┘
```

正 × 负 × 负 = 正
三角形是平衡的。

【方案二】你知道妹妹在整个事件中才是那个挑事的人，于是继续对嫂子保持正面态度。

负 × 正 × 负 = 正
三角形是平衡的 。

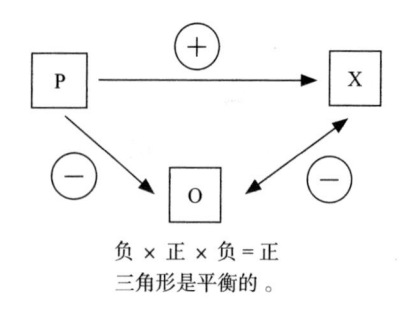

想要恢复世界秩序，一点儿也不容易，况且这还只是简易的三人组合。如果把它转移到几个不同家族、各派系、集团之间错综复杂的关系上……祝你玩得开心！我猜你只想把头埋进婚礼蛋糕里吧。

## 29 | **互惠好感**
### 如果遇到相看两厌的同事

用互惠好感结交新朋友。

公司里来了一位新同事,你和他截然不同:周五下班后他去听古典音乐,而你是和几个哥们儿去踢足球;他热衷于环保运动,你则故意把瓶子和废纸扔进同一个垃圾桶——"捉弄一下环保斗士";他有老婆孩子,家人的照片占去他办公桌一半的地方,你是享受自由的单身贵族;他滴酒不沾,而你觉得下班后有必要灌杯啤酒,解压放松。

你喜欢这位新同事吗?他似乎不太可能打入你的好友圈……

然而,你无意间听到他最近在员工餐厅里说了不少你的好话:

他欣赏你随和的个性、井然有序地安排工作的方法,总之,他挺喜欢你的。现在,你对他有何看法?

• 嗯……他其实没那么怪,也许哪天可以和他一起去喝杯茉莉花茶。

• 他以为他是谁呀,还评价我?他还是去评一评他的环保斗士朋友吧。我再也不想和他打招呼了!

我们在第 27 章"相似性原则:毁掉婚姻的不是'浴室里没拧紧的牙膏盖'"中已经得出结论:人都比较喜欢与自己有许多相似之处的人。与他人的分歧越大,我们的反感越强烈。这是从相似性原则得出的,因此,我们应该彻底把这位如此与众不同的新同事拒于千里之外。

然而,还有另外一个比相似性原则更有效的原则——互惠好感。根据互惠好感理论,越是假定某个人喜欢我们,就越觉得此人可爱,甚至当这个人和我们无丝毫相似之处,我们通常把其拒于门外时,这个理论也适用。互惠好感胜过相似性原则,我们被爱的需求是如此强烈,以至于当知道有个人喜欢我们时,就会推翻其他所有原则——也用爱来回报此人。

互惠好感得到证实的方法,就是让被试进行性格测试并告知他们,其测试结果与另外一个人的测试结果天差地别,两个人的性格完全不同。然而,这"另外一个人"其实是一个实验同谋,在一个安排好的休息时间,这个实验同谋与房间里被挑选出来的被试坐在一起,并与他聊天。聊天的时候,实验同谋凝视这位被试的眼睛,身体前倾,显示对他兴趣浓厚,进而发出喜欢他的信号。对照组的被试只在这个实验同谋匆匆走过时看一眼。

随后所有被试都被要求表明自己对这个实验同谋的喜爱程度。果然,那些被实验同谋表露过好感的人会觉得这个实验同谋特别迷人,虽然他们和对照组一样,知道实验同谋的性格测验结果与自己的南辕北辙。

在另一项实验中,两位被试获准见面。其中一人事先被告知"你即将见到的人很喜欢你",或是"你即将见到的人不喜欢你"。结果,以为坐在面前的人喜欢自己的被试表现得友善又大方,以为对方不喜欢自己的被试则态度冷淡且不屑一顾。坐在其面前的那个人又从这种态度中得出结论(事先没人告知他任何事情,不知道对方有多喜欢他):不同的行为,会形成不同的谈话氛围。

这在日常生活中可能会酿成悲剧:我们经常因为听到一则谣言,或者误解某个情况,就想当然地认为某人不喜欢我们。一个经典的例子就是忘了打招呼:我在超市里遇到一个熟人,他没有立刻和我打招呼,于是我心想"噢,这家伙不喜欢我,那我也不喜欢他",然后,我不仅拒绝与他打招呼,还拒绝进一步的眼神接触。其实,对方可能只是一下子没反应过来,说不定他正在想别的事;也许他近视,只是晚了半秒才反应过来,原来他碰到熟人了。此刻,他想补上一声问候,但是再也没有机会了,因为我看都不看他一眼,现在换他想"噢,这家伙不喜欢我,那我也不喜欢他"。接着，灾难性的恶性循环就此展开。这是关于自证预言的一个很生动的例子，第8章"自证预言：思想可以控制即将发生的事吗"说的就是这个道理。

由于另外一个人是否喜欢我们对我们来说实在太重要了，所以我们不该轻率处理，也不要轻易相信谣言或模棱两可的事。请你再给对方一次机会，让他表达对你的好感。你如果主动想要营造正面的气氛，只需要反过来，发送你对他有好感的信号。最具效果的要数"传声鼓"，你对你们共同的熟人提及："我真的好喜欢××。"

你甚至可以用这种方法帮助他人增进平衡与快乐。举例来说，你办公室里有两位同事势如水火，你分头告诉他俩："其实××很喜欢你，这是他私底下跟我说的……"这个小技巧会创造奇迹，而且撒这种小谎无伤大雅，因为它会成就好事。

对了，如果你在本章一开始选了第二个答案，那么请允许我再多说一些：你也许应该强化一下自尊心，因为互惠好感对自尊心脆弱的人可发挥不了什么作用。这样的人在实验中可能真的比较喜欢之前批评过他们而非赞美并喜欢他们的人，因为他们从批评者身上看到了被证实的（负面）自我形象。因此，他们非常喜欢那些批评他们的人。

## 30 | 睁大眼睛
### 为什么我们喜欢小北极熊甚于小蜘蛛

吸引力研究提供美丽的秘诀。

让我们想象在动物园里的散步，你觉得哪种动物迷人又可爱，让你想摸一摸，甚至带回家养？

- 幼小的北极熊；
- 火烈鸟；
- 电鳗；
- 旱獭；
- 海狗；
- 狼蛛；

- 河狸。

可怜的电鳗，我们打赌没人想把它带回家。但会不会有人为了认养小北极熊起争执？许多动物园都开放民众认养，你付钱照顾动物，因而被园方称为"动物的认养人"。你有机会时不妨留意一下认养说明上的标记：有些动物显然被人争着认养，有些动物却迟迟等不到认养人。无论如何，电鳗的优点是它会制造电流，因此受惠于相似性原则——能源供货商喜欢它，他们有时会捐款成为它的认养人。其他动物就没有这么好运啦……

那我们为什么喜欢小北极熊甚于小蜘蛛，明明两者都是同样值得我们尊重并赢得好感的生物呀？这应该与人的个性（那个备受赞誉的"内在价值"）无关，因为我们通常对这些动物不甚了解……

那就只剩下一点：外貌！我们是否喜欢另一种生物，在很大程度上取决于我们是否觉得它在视觉上很有吸引力。美丽决定我们的人生！我们大多不愿意像王尔德这样公开地承认这一点。他在小说《道林·格雷的画像》中直截了当地说："只有肤浅的人不以外貌论断人。"

当然，我们不只以外貌论断动物，对其他人也是如此。光环效应（详见第20章"光环效应：如何打造自我魅力"）已经告诉我们，长得漂亮的人基本上人生路走得比较顺遂，而且从一出生就开始顺风顺水了。别人会相信他们也具有其他正面特质，即使他们实际上并没有这些特质。

第一次约会是否就会发展成充满激情的夜晚，甚至是一段浪漫的爱情关系，这在很大程度上取决于两人是否觉得对方有性吸引力。假使不符合这个基本条件，很遗憾，就连"简单暴露效应"（详见第 26 章"简单暴露效应：如何让人从心底里喜欢你"）也无法发挥多大作用。

因为美丽的容颜是如此重要，难怪辅酶 $Q_{10}$、玻尿酸、肉毒杆菌大受欢迎，甚至动刀整容也在所不惜。显然，除了长得不够好看，天底下几乎没别的事能让我们如此害怕。

幸运的是，美不美丽是很主观的，对吧？民间谚语常说"情人眼里出西施"，又说"人各有所好"。

所以，美丽纯属个人看法，见仁见智？一派胡言！

我们已经从动物的例子中看到，众人对美的看法其实挺一致的。当评判别人时，我们也没有什么不同。多年来，心理学家也投入吸引力研究，并提出问题：我们什么时候觉得某人真好看？理由为何？直到 20 世纪 80 年代，我们才从这项研究得知有一个流传很广的"评分者信任度"，即人在很大的程度上是根据同样的标准来评判美或不美。所以，与个人喜好并不相关！

有一项基础实验，研究人员让女性被试和男性被试各看 50 张人像照片，请他们就外貌打分。接下来，研究人员对照片上人物的脸部形状、比例尤其是轮廓特征进行分析。结果十分清楚：对男性来说，有吸引力的女性脸庞是那种混合了纯真与成熟特征的脸。纯真的特征指大眼睛、小巧的鼻子和尖尖的下巴，成熟的特征则指高高的颧骨与瘦削的脸颊。

女性同样也喜欢兼具纯真与成熟长相特征的男性：大眼睛和高高的颧骨！除此之外，下巴宽厚且突出的男性也会多得几分。

请根据此处提及的特征，快速检查一下那些你觉得很可爱的动物，是否符合这些标准？这些标准同时适用于人类与动物。

这些标准甚至也适用于不同的文化：实验中展示的照片上的人来自不同的国家，在别的文化圈做的实验得到的结果通常也一样。与原先猜测不同的是，欧洲人与亚洲人对美的判断没有显著的区别。

所以，关于男女两性的吸引力，有两个普遍的、跨越文化界限的关键点：首先是高颧骨，如果你没有这个得天独厚的条件，真的就只能靠动手术实现美梦，再就是其他特征，如女性小巧的鼻子与尖尖的下巴，还有男性棱角分明的下颌线。

然而，无时无刻、任何地方都能散发无穷魅力的终极奇迹武器是：大眼睛！人人都可以借着"睁大眼睛"瞬间变得更有魅力，想要获得这种神奇的效果其实易如反掌，不动刀也办得到。首先，你只要多睡一会儿就行。带着一双疲惫的双眼，拖着沉重的脚步穿行于世间的人，看起来不太有吸引力。近来的实验证明了"美容觉"确实有效。其次，人人都可以有意识地睁大眼睛，这是一个训练与习惯的问题（我们已经知道人习惯某样东西的速度有多快，详见第 2 章"习惯化：年假多分几次休，你会更快乐"）。若希望自己多几分魅力，请睁大眼睛，越大越好！照相时不妨试试：下次在聚会时有人想拍张照片，你就尽量使劲儿睁大眼睛。你会觉得这样做有点儿难为情，但看看结果吧，你会满意的。未来，请带着更大的眼睛行走于人群中……

# 31 | 共通性与双赢
## 冲突也可以成为动力

运用应用心理学的调解,找到实现双赢的解决办法。

有两姐妹为了争一个橘子吵了起来,你负责调解纠纷,你会采取什么解决方案?

可以考虑的办法不止一个:这次橘子给姐姐,下次给妹妹,或者反过来。你也可以把橘子从中间掰开,然后姐姐、妹妹各分到一半。

三种办法都很公平,但都不是最理想的。

我们会告诉你一个办法,它能让冲突双方从中获得最大的利益。我们还会向你证明为何冲突是发生在我们身上最难能可贵的事情！

冲突到底是什么？

大致说来，冲突就是在一种体系中，不同利益互斥的状态，要实现其中一个目标，就不可能同时实现另一个目标。

具体来说，爸爸妈妈想在周日去散步，可爱的孩子们比较喜欢在家看电视。家庭就是那个体系："去散步"和"看电视"是不同的目标，二者无法同时实现。

还有一种情况：你心中的那位"享乐部长"很想一周休息4天，而你心中的那位"财政部长"希望每周工作60个小时。你自己是那个心中住着不同灵魂的系统，目标分别为"一周休4天"与"每周工作60个小时"，二者无法同时实现。

我们在此看到：无论是外在冲突还是内在冲突，冲突本身最初皆为完全中立且无害，它只涉及一种张力十足的紧张状态——不多也不少。我们之所以害怕冲突，是因为我们的日常意识将冲突等同于争吵。然而，争吵是冲突的升级形式，而且仅字面上的含意就非常负面。著名的奥地利研究者弗里德里克·格拉斯尔把冲突升级分为9个等级——从"变得冷酷无情"到"一起坠入深渊"。然而，它到最后会升级到什么程度，完全取决于我们如何处理冲突。

在这种背景下，我们可以继续大胆推论：冲突甚至可以是非常正面的。关键在于紧张和冲突会带来什么，行动、改变和发展，这些是进化与革命的动力。

让我们把上述家庭纷争拆成几段来解说。碰到类似的情况，我们通常会集结对自己立场有利的论点："你要是不出去多呼吸新鲜空气，就容易生病"，"我们老是要按照你的意思做"，"拜托！你三年前就答应我们今天可以看《芝麻街》"。如此一来，冲突双方就像是在打一场拳击赛。有赢有输，其中一方打赢了，另一方吵输了，冲突就以单方面获胜结束。美好的周日被破坏，双方只剩下意兴阑珊。但这就是解决日常生活冲突的"一般"办法。

冲突要怎样才能成为发展的动力呢？

解决之道是，放下具体的立场、具体的愿望，寻找隐藏在具体愿望当中更深层的需求。通常基本需求也能通过一种不引发冲突的方式获得满足，比方说，我们来探索那些基本利益与潜在需求的原因：也许爸爸和妈妈上了一周的班很累，希望周日散散步，放松身心；可能孩子们在学校里度过了难熬的一周，希望看电视放松一下。

还有什么别的理由吗？虽然各自的目标表面上看来不一致，但很明显：只要我们顾及更深的层面，共通性就会显现。共通性就是促使人们最终达成协议的桥梁。

这个原则也可用于冲突的调停。找出共通性，就会促使人们找出一个可行的、双方均认同的解决方案：中午爸爸妈妈出去散步，下午带一帮捣蛋鬼看电影，或者更好的是散步去电影院。找到这个办法，想必人人都满意得不得了！一开始让人感到不愉快的冲突，可以通过这种以利益和需求为导向的方式解决。

因此，这种情况被叫作"双赢"，因为到最后大家都是赢家。

回到本章一开始那场因橘子引起的纷争，如果你试着和那两姐妹谈一谈，了解她们各自的需求，你会发现：原来姐姐想烤蛋糕，需要橘子皮增添风味；妹妹想榨果汁，需要果肉。这就是双赢，两人的需求分别获得百分之百的满足！这在大多数情况下都是可行的，这个原则也是我们在此遵循的方法。

"享乐部长"与"财政部长"之间的内心冲突极为相似：一位希望获得自由，另一位追求保障。顾及这些需求时，可以考虑的解决方案很多：特别卖力地工作一段时间，犒赏自己一个特别棒的假期；工作上特别勤奋认真，以期获得升迁，进而享受更多自由；人越放松越能保持身心健康，身心越健康，生活越有保障；以此类推。

请尝试以下方法：下次你将一桩冲突妖魔化之前，请暂停片刻，在脑海中回顾那些曾经遇到过的让你受益的冲突。你至少会想起一年前发生过的一起冲突，这会鼓励你想要深入了解当前冲突的原因，以及与你发生冲突的伙伴或你心中不同的想法，共同找出一个双赢的解决办法。

再者，你最好忘了自己的愿望，尤其是那些尚未实现的。愿望并不重要！许多人执着于具体的愿望，一旦未达成就很不快乐。重要的不是具体的愿望，而是藏在愿望深层的潜在需求！同一个愿望可能因极为不同的需求而萌生，而我们可以通过不同的方式满足每一种需求。

举个例子：有几百万人梦想着在才艺表演赛中脱颖而出，成为流行歌手，若这个梦想没有实现，他们就很失落。这个愿望的背后可能潜藏着天差地远的需求。也许我只是爱好音乐而已，这个需求也可以用其他方法来满足：学一种乐器、在一个乐团演奏、在音乐领域找份工作……。或许我想要的是掌声与肯定，这个需求我也至少能用10种方式来满足，也许是通过体育成就、当志愿者、职业成功、照顾好家人……。或者我主要是为了钱，这也有许多不同的（经常是比较真实可靠的）方法满足这方面的需求：打听有哪些工作获利颇丰、买彩票，而不是在《寻找超级巨星》《谁想当百万富翁》等节目上碰运气。

如此一来，人人最终都可以心想事成。

## 32 | 如何轻松得到他人的帮助
共情-利他假说和消极状态解除假说

**情绪心理学告诉你如何让亲朋好友支持和协助你。**

假设你买了一辆新车,手头儿因此有些紧。于是,想向那位你晚上经常和他去喝一杯的邻居借点儿钱。

以下三种情况,你认为哪种情况最适合开口请他帮忙?

- 他刚升级为父亲的时候。
- 他刚被妻子抛弃的时候。
- 普普通通的某一天,他的心情也普普通通的那天。

很多人会不自觉地选第三种情况,因为这好像是这位邻居最平静、最不会被自己生活中的事件干扰的时候。然而，这个再寻常也不过的日子，偏偏是他最不可能对你伸出援手的时候！

首先，研究显示，心情好的时候，我们很乐意帮助别人。这并不奇怪，每个人都亲身经历过，好心情会让自己对他人更积极、更开放包容，也更慷慨与乐于助人。如果我昨晚睡了个好觉，心情极好，一大早哼着歌走进办公室，这时我会比往常更愿意友善地为同事开门。

令人惊讶的是，此处微小的影响竟然如此强大。在一个实验中，有人把一枚10美分的硬币藏在一个公用电话亭内，然后等着，直到有人捡到这枚硬币，接下来，研究人员假装文件夹在这个人面前掉落，许多文件随之散落一地。在刚才捡到10美分的16人中有14人帮忙捡起文件（87.5%）。为了做对比，研究人员也对那些之前没有捡到10美分的人做了测试，25人中仅有1人（4%）愿意帮忙！所以，人们仅仅因为捡到10美分，帮助的意愿就增加了20多倍！其他小事也能产生相似的效应，例如好闻的香味或悦耳的音乐，也能让人更乐于助人。

因此，即使你的邻居在可预见的时间内不会升格当父亲，但你刚好赶上他那天心情特别好，他也极可能会比平时更乐于助人，所以这个时机不算坏。既然你现在知道哪些小事足以让他人拥有好心情，那么你也就能更轻松地得到别人的协助……

但令人惊讶的是：人们在过得特别不好的时候，也会特别愿意帮助别人！不同的机制似乎在不同的情况下发挥了作用。我们当因为对某事感到内疚而难过时，会倾向于在别的地方做点儿好事来平衡自己的罪恶感。善行抵消了我们大脑中因坏事引起的良心不安。以捐款为例，人们去忏悔之前捐的钱会比忏悔之后多，因为若忏悔完毕，表示已经为所犯之事赎罪了。

有些情况则是我们看到别人受苦，自己也会感到痛苦。比如眼前有人遭到殴打，这情景会让我们感到很不舒服。这与同理心有关，我们与被打的人感同身受，体会到了对方的疼痛。当打电话报警，或者出手干预时，我们也会改善自己的情绪。

在有些情况下，我们本身的恶劣心情与自己提供协助的行为之间并不存在实际关联，但实验通常显示，每当感到悲伤时，人们就更愿意帮助别人。如何解释这种现象呢？我们如果本身正遭逢命运的打击，就更能体会别人遭受的意外或噩运。启动（详见第 4 章 "图式与启动：如何与讨厌的同事改善关系"）和相似性原则（详见第 27 章 "相似性原则：毁掉婚姻的不是'浴室里没拧紧的牙膏盖'"）正是我们愿意提供帮助给遇到困难的人、对他人抱有同理心的原因。

消极状态解除假说更进一步指出：我们在过得不好时，会系统性地寻求让自己感觉好一点儿的方法，其中一个方法就是帮助别人。我们做点儿善事，就能改善自己的情绪。

那么，说到底，我们是否只是出于利己原因才去帮助别人？关于这个问题，学术界已经争论许久，共情-利他假说认为，我们如果培养出对某人真正的同理心，确实有能力给某人提供真正利他、无私的帮助。但是，我们也早就看出来了，同情与一己私利之间的联结又是多么密不可分。不过，人们为什么提供帮助并不重要，重要的是人们愿意伸出援手，而且知道如何最有效地获得援助。现在，你也知道了。

# 33 | 条件反射
## 不规律的惩罚等同于间歇性的强化

运用条件反射让你心想事成。

和你约好的朋友又迟到了,孩子们无视禁令又偷偷玩计算机,同事又没有准时完成任务,这都不知是第几次了……

你该怎么办呢?你是个殷勤有礼、教养良好的人,所以前面两次你睁一只眼、闭一只眼,但事不过三,第三次你就会发表友善却坚定的声明,"惩罚"犯规行为。惩罚出现,秩序恢复。

接下来会发生什么事?恰恰与你希望达成的目的相反:和你约好的朋友一如既往地迟到,而且到的时间越来越晚;孩子们越来越放肆;同事们几乎啥也不干了……

是的，你的应对措施会不会适得其反——让一切变得更糟？

答案倒是可以从小狗的小爪子里得到——我们能在心理学中找到应对方法。请与我们一起看看"条件反射"这项好用的工具是如何成效斐然的：每当小狗把小爪子伸向女主人时，她就用小零食奖励它这个行为，这只四足动物就会再次且更频繁地伸出小爪子。这样做倒也不是出于纯粹的自利，反正也可以顺便讨主人欢心嘛。假使有一天主人突然不再拿小零食奖励它，它的这种行为便瞬间消失——小狗可不傻。我们称这种消失现象为"消退"。

现在，我们要怎么做，小狗的行为才能抵抗消退——让它在没有小零食奖赏的情况下继续伸出小爪子？

心理学有一个神奇的技巧：我们可以间歇性，也就是不规律地强化某种行为。

假设小狗经常伸小爪子给女主人，但它只是偶尔得到奖赏，那这个消退阶段会持续更长时间。这只小狗一直到最后都还怀抱着希望，总有一天它会得到一些好吃的。如此一来，小狗学习到：它每次都伸出小爪子，不过只是偶尔得到一些好处，没有奖励才是家常便饭。如果是进入一个什么奖励都没有的阶段，小狗只会把这个阶段当成一个较长的没有奖励的间歇期，然后继续伸出小爪子，盼望着下一次的小奖励！

现在，这对你来说意味着什么呢？

我们首先领悟到：如果你想教某人一些东西，给他"上一课"，希望产生些作用，那么你最好运用间歇，也就是不规律的强化方式。这个方法可以促使你希望养成的行为持续很长一段时间。你能长期从中受益，即使有很长一段时间没有用赞美、奖励来强化对方的行为……

但是，同生活中的所有事物一样，间歇性强化除了有光明面，也有它的阴暗面。于是，我们领悟到第二个道理：不规律的惩罚与间歇性的强化是一样的！如果你以为偶尔客气地警告一下与你约好但迟到的人、违反禁令的孩子，以及未准时完成任务的同事，让他们良心发现并痛改前非，恐怕你会大失所望。做错三次，若其中两次不予惩处，当事人内心就会无意识地将它视为默认，等同奖赏。结果，这会导致你不希望出现的行为（迟到、看电视、没有完成任务）更频繁地出现，最终变得能抵抗消退，不希望出现的行为根本没有消失。

我们从中学到了什么？若要处罚，那就来真的。奖励时态度与方式都要有所保留，处罚时则务必态度一致。如果赏罚不明，只会让事情变得更糟糕，这样的话，你不如一开始就发巧克力当惩罚算了。

俗话说："棍棒底下出孝子！"心理学用科学证明了：偶尔拿出棍子和经常喂胡萝卜没什么不同，不规律的惩罚其实是最有效的奖励形式。嘘，可别把这招告诉小狗。

## 34 | 心灵净化
### 压抑情绪会造成无意识的痛苦与病症

应用心理学的"心理健康"能使你的生活一下子变得轻松与美好。

节日前大扫除,我们清理掉不少东西,又把窗户擦得洁净透亮,家具都散发着清新的香味。

当一切都收拾妥当,家里看起来焕然一新,这是一种何等愉悦的感觉啊!但是,千万别立刻把我们乍看之下以为无用的东西扔掉,有些旧东西,我们还用得上,最好把它们放在一个盒子里,然后放在储藏室或地下室,等哪天需要它了,随时可以拿出来。在外部、家里,我们或多或少能掌握一些整理的窍门,但自己内心的健康呢?事实上,我们鲜少鼓起勇气一探究竟。

让我们一起努力——打理自己的心理健康。

事实上,"心理健康"数十年来一直是学术界既定的术语,用来形容我们为心理健康所做的预防措施,通过个人防护措施来减轻心理负担或预防精神疾病。这些措施各不相同,接下来我们为你介绍一个重要的方法,它对于我们在日常生活中维护心理健康很有效。

我们都有强烈感受到不愉快、感情受挫、失落和悲伤的时刻。与这些体验联结的内容(思想及感受)都是不愉快的,甚至常具有威胁性,因此我们索性把它们排除在有意识的感知之外,来帮助自己。这就是我们在心理学上说到的压抑,压抑是一种基本的防御机制。

这听起来挺有帮助的(这时能摆脱种种负担),但压抑本身就是个负担。受到压抑的意识内容会在潜意识中继续发挥作用,并寻求其他途径继续影响我们的身心,然后更深层地伤害我们,并致使身体生病。这类为人熟知的身心疾病具体包括神经性皮肤炎、肠胃疾病、饮食失调、慢性疲劳、高血压、气喘,有时还有癌症。

这促使我们乐意"躺在心理诊所的长沙发上"数月之久,甚至长达数年——我们必须费力地学习,让那些被处心积虑压抑下去的意识内容重新曝光,才能对症下药。研究证实,25%的德国成年人一生中至少曾经有一次,甚至长期罹患心理疾病或因心理问题引发的疾病,例如焦虑、抑郁及身心疾病,而且这个趋势还在上升!

为了避免一下子扯太远,我们应该赶紧谈一谈心理健康。这里要告诉你维持心理健康的一个特殊方法:建设性地将压抑机制转为己用;不压抑那些让人感到不快的意识内容(思想与感受),而是认真面对并尊重自己的感受。把承担它们的责任交给一个更高的主宰,你可以按照自己的意愿称呼这个更高的主宰,比如上帝、老天爷、光、命运、机遇、虚无,这取决于你的个人信仰。

通过以下简单的练习,你可以随时反复彻底地"净化"自己的心灵。

(1)你带着相应的情绪在脑海中进入自己心中的负担,观察当时的情况,看看是哪些事,保持专注并体会这些感受。

(2)表达你的感受,有意识地对自己说:"我很_____。"(请填写自己的感受,例如害怕、愤怒、悲伤、沮丧、寂寞或绝望,这取决于你当下的感受。)

(3)你对自己说:"对,这就是我的_____(恐惧、愤怒……请填写上面你说出来的感受)。我有权利感受_____。_____是我性格中自然且珍贵的一部分。"

(4)你在头脑中自编自导一部关于自身感受的电影,并将这部电影在脑海中转化成一卷录像带或一张光盘。想象将这卷录像带或这张光盘存放在一个安全的地方,比如藏在一个只有你才能打开的柜子里,或者锁进一个保险箱里。

(5)你在这里有不同的选项:如果时机合适或事过境迁,你随时可以有意识地检查自己的感受。基于这个目的，将自己的"影片"从收藏处拿出来，观看你的心路历程。你随时能暂停或关闭这部"影片"，也能将这卷录像带或这张光盘再度封存起来。控制权在你手上！

另一个方法是，你对自己说："我感到_____（感受），我尊重自己的_____，_____是我性格的一部分。现在我把这份责任交还给一个更高的主宰，从现在开始，这个更高的主宰会处理它。"你在脑海中把这卷录像带或这张光盘装放到火箭上，然后点燃火箭，把它送到很远的地方，最好送到月球上。如此一来，你卸下了情感的重担，并且将它交还回去。

这一切有什么意义呢？

首先，你有意识地了解自己的种种感受，视它们为自身的一部分并尊重它们。这可不像你想象中的那么理所当然，因为人类通常倾向于费尽心思不让某些思想和感受浮上心头，或者压抑它们。这样做的时候，我们会分裂自己的一部分。我们经常因自己的所感所受而羞耻，因为我们在童年时就被灌输一些思想，诸如不该对人怀有恨意或愤怒等感受，这恐怕就是有些人很难觉察并接受自己种种感受的主要原因。

其次，你认识到有些感受很糟糕、恶劣或不恰当，所以是不被允许表达出来的。然而，愤怒和恨意却偏偏是我们性格中自然又正当的部分，长期压抑它们，可能导致无意识的痛苦与病症。所以，容许并肯定所有的感受很重要，但不一定要任其发展。

再次，如果同事一再欺凌我，我感受到愤怒不仅正当，而且很正常，但这并不表示我有权利揍他一顿。我们在日常生活中很容易混淆一些感受：因为某些感受任意发展会导致或可能引发某些后果（比如打人会引起法律纠纷），于是我们禁止自己认真对待这些感受，并且不承认它们存在。这实在很要命，我们剥夺了自己内心丰富的情感。

接下来的步骤是非常有用的治疗干预手段，它已经被成功用于治疗严重的心灵创伤。当人的心灵受伤时，思想与感受会强烈到足以影响性格的程度。由于失去了对思想和感受的控制，想继续过正常日子就变得不可能了。

为了达到自己的目的，我们可以运用这种技术，一种控制压抑的无害的特殊方式，好好地管控自己的思想和感受。我们认真地觉察自己的思想和感受，正视它们是自身性格的一部分：什么时候想研究或关心一下，什么时候又不管它们，都由我们自行决定。这就是健康与不健康的区别！

我们的思想和感受并非在每种情况下都是恰当的，所以要学着把处理它们的时间点延后，如此就能在那个时间点"运作"良好，不再是自己内心波动情绪下的受害者。当我们整理好自己的思想和感受，并将它们妥善安置，我们就拥有了对自身的控制权！而对自身的控制权似乎一直都是我们人生的重要议题……

## 35 | 从众行为
### 为什么我不能说不喜欢

从社会心理学的从众行为看,你挺好的,但有时候没有主见。

办公室里正在开小组会议,一位同事介绍他的新营销方案。

"这根本行不通嘛……"你在心中暗想,同时飞快地记下几个意见点。"其他人认为怎么样?"你的老板开口问。第一位同事发言说他觉得非常好,你隔壁办公室的同事也这样说,接着又有多位同事附和,大家都觉得棒极了。

现在轮到你了,你会怎么说?

一个难得的机会,能展露你独特的不人云亦云的个性,说出自己的意见，甚至要表达的是令人不快的事实。不是吗？我们都有强烈的渴望，想要独一无二。大部分人想必会说，即使其他人的看法与我不同，我也会在小组会议上坚持己见。智力游戏就是这么玩的。

然而，一旦真的处于上述情况，大多数人通常会采取不一样的行动。过去的研究结果也证明了这一点。当这种情况不再只是纸上谈兵，而是在现实中遇到时，大部分人会顺应主流：到最后，你也觉得同事的方案相当不错，然后把自己写的意见丢进垃圾桶。

这是怎么回事？

科学上，我们称这种现象为"从众"。从众现象是少数口语和专业用语都一致的表达。从众行为描述了我们顺应群体的倾向。

心理学认为，从众行为主要有两个成因——信息性影响与规范性影响。我们称之为"借用与服从"，即我们不是借用别人提供的信息，就是服从别人的判断。

第一种情况，借用。我们经常无法立刻准确判断某种情况，因为要么缺乏足够的信息，要么信息模棱两可。于是我们只好环顾四周，看看周围人的举动如何。我们向身边的人借用信息，并用这种方式让自己受到信息性影响。

有一个经典的实验：研究人员在一间黑暗的房间里向被试展示一个光点。需要知道的是：人们用肉眼看黑暗房间里的一个光点，肯定会产生错觉。有时候我们觉得那个光点在移动，即使它实际上是停留在原处。不同的人看见光点的移动也不同，因为每个人的眼睛在这种情况下反应略有不同，我们称之为"游动效应"。这样一来，被试就面临信息不清楚、每个人主观上看到的东西都不尽相同的情况。

现在，询问被试：这个点移动了多少？若单独询问被试，他们回答的数值截然不同——5厘米、50厘米，以他们当下感知到的距离来作答。但如果分成一组一组询问，突然间，同一批被试的估值会变得如出一辙，他们一致认为这个点大约移动了10厘米，如果这个小组有人在一开始提出了这个数值的话（详见第17章"锚定效应：薪资谈判的秘诀"）。我们依靠别人提供的信息来弥补自己认知中的不确定性。

很多时候，我们仅仅因为这样的原因就决定和别人行动一致。在上述例子中，我们突然间不确定同事提出的营销方案是不是真的像自己所想的那么差，要不然其他人怎么都连声称赞呢？一旦觉得不确定，我们立刻就会从别人那里获取信息，于是就认为别人说的一切都很棒！最后，我们就真的认定别人掌握的信息是正确的，并调整了自己的观点。

第二种情况，服从。当然，我们也会有自己百分之百肯定的情况，这时压根儿不需要别人提供信息。我们不会改变自己的信念，但是因为其他人的决定，我们还是会采取违反本意的行为。稍微修改一下光点那个实验，让视觉上的错觉不存在，使每个人客观上看到的其实都一样。比方说，给被试看两条线，问他们：哪条线比较长？客观上只有唯一一个答案。实际上当单独询问被试时，他们都答对了。现在，分组询问被试，询问之初，两个充当实验同谋的被试先给出一个一听就知道错误的答案。突然间，大部分被试也答错了——虽然他们明明知道正确答案。

我们为何这样？因为不想让旁人认为我们很蠢。我们自认为别人没那么喜欢我们，万一自己的决定与别人不同，我们有可能会出洋相。请想一想"相似性原则"，假使我们持有与别人相似的观点，别人就会喜欢我们。我们希望讨人喜欢！实验证实，每当我们"反抗"某个群体时，大脑中负责负面情绪的区域就会活跃起来。至于我们和根本不认识且以后大概也不会再见面的人打交道，结果也一样，因为我们同样希望讨陌生人欢心，反抗他们会让自己于心不忍。但只有少数人明白，服从实际上会影响我们的生活。

当认定有些人是专家或权威时，我们与他们口径一致的情况就特别明显。这种现象其实也不足为奇。尽管如此，美国心理学家斯坦利·米尔格拉姆于20世纪60年代做的几项家喻户晓的实验，当时震惊了全世界。在这之前，没有人认为正常人会彻底放弃自己的良知，屈服于假设的权威（实验中假设的施刑权力）。被试要对一个实验同谋施行电击，表面看来是检验处罚与学习之间的关系。电流强度持续上升到400多伏特，实验同谋惨叫、抗议，到最后停止了测试。尽管如此，每当实验人员要求他们加大电流，大部分被试都会残忍地按照指示做。被试轻易地将责任推给他们在实验中被赋予的权力。

有时候我们表现得与别人一致并不一定是坏事，我们时常左顾右盼并借此获取到正确的信息，但如果每个人无论何时何地都一意孤行、坚持己见，大家就无法在一个群体里共存，更不用说携手合作了。不过，我们在从众时应该保留意识。下次你不妨问自己：我还是我自己吗？我从众了吗？

## 36 | 旁观者效应
### 遇到危险时，选定一个人求助

你可以这样避免旁观者效应。

假设有个人突发心肌梗死，你觉得他身处以下哪种情况的存活率最高？

• 晚上，他在办公室里加班，其他人都已经走了，只剩下隔壁办公室的一位女同事还在。她还有孕在身，几乎跑不动，更别说实施急救了。

• 在地铁上，车厢里坐着 30 位乘客，几乎每个人都有手机，并且每个人看起来都身强体健。

直觉上，假如哪天遇到危难，大部分人都希望身边有很多人，没有人想在碰到这类情况时只能依赖某一个人。我们多半认为，周围人越多，越有可能遇到有能力且愿意帮忙的人。

事实上，遇到紧急情况时，身边的人越少越好（至少有1位就好），这会大幅提高我们存活的概率。我们经常在报上读到一些悲剧性的新闻，比如有人在公共场所遇袭，周围站着数十人，但是过了宝贵的几分钟后，终于才有人伸手搭救，大多数时候甚至无人问津。每当有这种事情发生时，社会总是一片哗然。每个人都在问：怎么会这样呢？难道我们的社会充满了懦弱的自私鬼吗？难道我们都是无能为力的偷窥狂吗？

科学上对此的解释稍微艰深了些。关于许多人宁可袖手旁观也不愿帮助别人的现象，心理学对此已经有大量相关研究，并将其称为"旁观者效应"，有些人也称其为"吉诺维斯综合征"。20世纪60年代，一位名叫姬蒂·吉诺维斯的美国女性在纽约市遭人袭击，凶手极其凶残，这桩袭击案历时半小时之久，她不幸丧生。之后的调查显示：至少有38人目睹或听到这起犯罪事件，但没有人出手相救。

在这类情况下，会出现什么样的群体动态？

我们已经知道，有两种现象会在此一起发挥作用（详见前一章），即信息性影响和规范性影响。

每当不确定该如何评估一个情况时，我们会寻求周围其他人的意见，并从他们那里"借用"信息。尤其是身处紧急状况之际，我们通常会缺乏安全感，因为这种事不是每天都发生，我们缺乏练习。我们会问自己：这里发生什么事了？危险吗，或者只是看起来危险？应该怎么办？此外，情况紧急时，时间多半紧迫，让人无暇他顾，只好以周围人的意愿为主。

举例来说，进行烟雾研究时，研究人员让被试在一个房间内等待，突然有白色烟雾从一个入口冒进来。如果单独留在房间内等候的话，大部分被试会迅速离开房间。若是安排几个实验同谋进入房间，安安静静地待着，那么被试也会平静地待在房间里，而且是坐着，即使他们因为烟雾几乎什么也看不见。如果在一架飞机里突然闻到烟味，我们会四下张望，并观察其他人有何反应。若别人都神情自若，我们心里就会想：应该没什么大不了的。

光是这么想就可能很要命，因为大部分时候其他人知道的也不比我们多。他们该怎么办呢？于是大家都茫然地东张西望，每个人都将别人茫然、等待的模样解读成：既然这个人看起来冷静又沉着，那应该就没什么事。我们称这种效应为"多元无知"：一旦没有人心慌意乱，我们也不会慌张。如果接着有人又以"专家"之名站出来，全身上下散发出无所不知的光芒，我们就会觉得自己安全无虞，特别信赖他们，但是在突发的危急情况下，专家知道的通常和我们一样少，他们只是表现得比别人多一些自信罢了（因为，这时优越错觉在发挥作用，详见第14章"优越错觉：为什么我们总是错误地判断自己"）。

我们时不时就会听到在度假胜地发生的悲惨意外，比如一艘早就应该报废的船在公海沉没，或者明显喝醉酒的司机驾驶一辆满载游客的大客车撞向路旁的大树。电视台记者事发后往往会问：怎么会有人搭上这艘船、那辆客车呢？答案是，因为其他人也上船、上车了，而且他们看起来很镇定，于是每位乘客都自行评估：情况不危险。

2001年9月11日，当第一架飞机撞向世界贸易中心的一座塔楼时，大楼内迅速传出要大家"保持冷静，待在自己办公室等待救援"的指示。这确实是那栋大楼遇到紧急状况时的一般指示，"专家"在决定性的时刻再次重申这些指示，他们也一一照办了。有些公司的职员听从自己的直觉从楼梯跑下去——到了下面又被送回他们在楼上的办公室。结果，留在办公室的人无一生还。

幸存的都是那些根据自己当下感知与判断采取行动的人。

回到旁观者效应和以下问题：意外发生时，为什么旁观者鲜少伸出援手？假使有人在地铁上被殴打，一开始大家也许没搞清楚情况，也许认为只是朋友之间"闹着玩"，也可能觉得受害者足够强大，能自卫。的确，可是到了一定程度，总有信息清楚地表明：有人陷入了危险，需要帮助，甚至受害者会大声呼救，但群众依旧不为所动，仿佛什么事都没发生。

我们把这种现象称为"责任分散"，即使对形势的评估是正确的，但现场的人越多，我们越不认为自己有责任出手帮忙。在许多模拟紧急状况的实验中，无论实验者进行单独施测还是团体施测，都证实了这个现象。

我们从中学到了什么？

第一，遇到危险时，我们的直觉可以救命，假如你不太确定，请自问：如果这里一个人也没有，我应该怎么办呢？请记住，其他人知道的大概不会比你多。这种揣测在紧急状况发生之前也适用，特别是用来评估情况会变得更危险的时候。

第二，如果你是需要帮助的意外受害者，请跳过"多元无知"，明确地说出："我需要帮忙。"然后你再避开"责任分散"，选定一个人，具体描述："那位打灰色领带的先生，拜托你打电话报警。"

第三，记住你是"旁观者效应"的旁观者，以此来挽救另一人的性命。一项研究得出的有趣结果是这样的：先前听过旁观者效应，因而意识到问题的人，更有可能提供协助。所以，请你尽可能将这方面的知识传授给别人。

# 37 | 心理逆反
## 如何让别人心甘情愿地帮忙

运用信念研究的几种技巧，你可以利用心理逆反为自己带来好处。

很久以前，在天堂，一切应有尽有，反正天堂就是个极乐世界，亚当与夏娃的嘴里塞满了食物，腮帮子都鼓起来了，他们只需要咀嚼。然而，就是那颗苹果，让所有他们原本被允许吃的食物都变得索然无味。

当年，我们年纪还小，当然，巧克力不管什么时候都非常好吃，但是在我们完全不被允许吃巧克力时，它们就特别香甜诱人，这时我们会非常想吃，因此就像野蛮人似的战斗，使出全力反抗不给我们巧克力吃的妈妈。她就算给了，数量也总是不如我们希望的那么多。

如今，对成熟的我们来说，接吻很自然，与陌生人亲吻的感觉尤其刺激，但这么做其实是不被允许的。于是我们更心向往之，因而发展出意想不到的事情。为什么地球上的"禁果"对我们有如此强大的诱惑力呢？

在专业术语上，亚当、夏娃与我们的行为被称为"心理逆反"。20世纪60年代，美国心理学家杰克·布雷姆等人提出了心理逆反理论：心理逆反是压力造成的结果，这是对内在或外在限制的反抗。举例来说，在有人想拿走我们的东西、威胁我们、禁止我们得到某些东西时，我们就会产生这种行为。通俗来说，我们通过不受欢迎或被禁止的行为来表达自己的反抗，借此重新获得自由。

许多有趣的实验都证实了心理逆反理论。例如，小孩在观看一部影片时，如果被迫中断且得知无法继续播放，他们对影片的评价会更高，而被中断后仍能继续看完整部电影的被试，评价则没有那么高。

在极端的情形下，在限制出现之前，我们从未自愿地使用过这个行动选项（苹果、巧克力、亲吻），只有当我们被禁止或受到阻拦的时候，它才会显得有吸引力，而且继续保持这种吸引力，即使禁令已经失效——这实在很疯狂！

我们在马克·吐温著名的小说《汤姆·索亚历险记》中找到一个好玩的例子：汤姆的波莉姨妈不断要求他守规矩，他很烦这些。

有一天，姨妈要他为花园的篱笆上漆，这时他的朋友本刚好路过，取笑汤姆做苦工。汤姆于是假装自己很喜欢给篱笆上漆，仿佛此时此刻世界上再也没有比做这件事更好玩的了。本一时间被弄糊涂了，开口问他能不能帮忙。汤姆很遗憾地说，他认为本可能没有这方面的天赋，况且他姨妈的要求很高。本苦苦哀求，甚至愿意送汤姆一份礼物。如果这份差事不是那么难得到，而且看起来没有那么好玩的话，最后汤姆不会成功设计朋友心甘情愿去做他平常想都不会想做的事……

因此，我们也开发出一片全新的领域：快让你的亲朋好友卷起袖子，做你希望他们做的事情吧！

如果有件事情对你很重要，但对方完全不给你任何机会，那么你有两个选项：运用自证预言，先行"赞美"当事人应该表现出来的行为，或者学学汤姆对朋友本的做法，将心理逆反运用在治疗过程中也极有成效。比方说，发信号给你母亲（当然是非常不经意的）："我现在也没觉得巧克力有那么好吃了"或者"拜托，现在可别又拿巧克力来唬我"。如此一来，你的母亲大人会看出她的影响力范围受到了多大的限制，然后因心理逆反而突然要给你一大堆巧克力……

## 38 | 禀赋效应
### 为什么你不爱扔家里那些没用的东西

禀赋效应助你买卖顺利成交。

周末,你悠哉地在跳蚤市场逛着,很自然地在一个卖杂货的摊子前停下来,信手拿起一本三年前出版的漫画。你一边翻阅,一边嘴角不自觉地上扬,你沉浸在书中,很想买下这本漫画。这是普通漫画系列中的一本,是内容非常普通的一集。书的外观也破旧不堪,标签上的原价为 3.5 欧元。

你心想:"这玩意儿顶多值 30 欧分。今天就疯狂一回,买一本旧漫画。"

"这本多少钱?"你开心地问摆摊的女士。

"18欧元。"一个坚定的声音传入你的耳朵。

有那么一刹那，你与她的眼神交会，目瞪口呆，然后脑中展开一场小小的"谈话"，在此我们不必逐字还原，但在这场谈话过程中，"真是太离谱了""厚颜无耻的小气鬼"等用语频频出现。

你摇头离去，摆摊的女士摇着头，目送你离去，直到你走远。

这小小的"意见分歧"从何而来？卖家当然总是想抬高价格，而买家总是想压低价格。这道理，谁都明白，也是一种战术。事实上，双方都知道这件东西其实不值那么多钱。

但这样并不能把上述情况解释清楚，一般的谈判永远都不会导致评估时出现如此巨大的差异，尤其是不会引起如此情绪化的场面。运用一般的策略时，参与谈判的人都知道对方开出的不是天价。这样的场面只会出现在双方一致认为这个价格并非漫天要价时，双方都确信该物品确实值这么多钱。

现在，让我们客观地估算一下一本这类漫画的价值。我们假定这本漫画差不多值2欧元，所以怎么会有一个人坚信这本漫画值18欧元，另一个人却认为顶多值30欧分？

在此，禀赋效应发挥了作用；它不只在上述的跳蚤市场有作用，后文还会再看到……

禀赋效应会让人认为，东西若为我们所拥有，就比别人手中同样的东西值钱。在一个著名的实验中，被试被分为两组，其中一组每人都分到一个杯子，另外一组只能看到杯子。接着，研究人员问被试要为这个杯子定价多少,或他愿意付多少钱购买。手上没有杯子的那一组认为2.87美元的价格比较合理;手上拿着杯子的那组认为定价应为7.12美元,价格是另一组的两倍多!其他实验也证实:禀赋效应通常以2∶1的关系比例发挥作用。

禀赋效应对我们生活中的诸多领域都有影响。例如:商家会利用它,让潜在顾客试用一款商品两周,两周后必须归还该商品,归还时,试用该商品的潜在顾客的感受比从一开始就不曾拥有这样东西的人糟糕多了。必须补缴税款的人比那些预缴、用现金交易的人更有逃漏税的倾向。有些人会为了汽油价格涨了1欧分而气得跺脚,但汽油价格降1欧分时,他们却不怎么兴奋。每个人都能在自己家里的储藏间、地下室或衣柜里观察一下禀赋效应:好多东西我们已经好多年没用过,而且永远不会再用,客观看来,它们毫无价值,但我们不会丢掉它们,因为我们相信它们是价值不菲的珍宝。

禀赋效应现在也已得到神经学上的证实:研究人员观察刚刚丢弃某样东西的人的大脑发现,大脑处理痛苦的区域(即脑岛皮质)会变得活跃。当人们出售一样东西并得到一笔金钱时,我们也可以检测到其脑岛皮质活跃起来,这就可以证明与某样东西分离总是会引发痛苦,且这与经济效益完全无关。

禀赋效应在亲密关系中也会发挥作用……

## 39 | 思维定式
当你突然想不起一个熟人的名字

用创意解决问题，你可以创造前所未见的东西。

清早，我们正在上班的途中，迎面走来一张熟悉的面孔，我们友善地打招呼："早啊，咦……等会儿，这不是那个谁……的先生，该死，他叫什么来着？迈耶、马勒、米勒，反正他的姓是字母 M 开头……"但那个名字，我们越是努力想，就越是想不起来。

到了下午我们突然就想起那个名字："哈马尔，没错——营销部那位女同事的先生，叫哈马尔。"

我们突然想不起来的岂止人名。思维定式阻止我们记住所有事情，或者妨碍我们以全新且有意义的方式组合信息：概念、事件、情况、资料……

请阅读解决问题研究中的一项实验，这项实验可以从心理学跨越到益智类游戏，参加实验的人被分为两组，两组分别拿到一小根蜡烛、一盒火柴和一个图钉，任务是把蜡烛安装在墙上与视线齐平的位置。

两组被试的区别在于，第一组被要求事先用火柴点燃蜡烛，第二组则没有得到这样的指示。

猜猜看，哪组先找出解决办法？

第二组获胜！他们先用图钉把火柴盒固定在墙上，用火柴盒作基座，然后点蜡烛，用烛泪将蜡烛固定在上面。第一组试着用图钉把蜡烛钉在墙上，试来试去都不得要领。

如何解释这种结果呢？

点燃蜡烛造成了第一组的心理障碍——一种思维定式，即盒子等于容器。"没有障碍"的第二组则能够重新解释盒子的功能，将其从容器翻转为架子。这就是创意的秘诀：有能力赋予某样东西意想不到的功能。

回过头谈我们的哈马尔先生：由于我们的记忆被强制性的思考牢牢固定在"字母M开头的名字"上，所以其他选项，比如"后面有字母M"就不太用得到了。这种固定效应无意识地影响了我们处理问题的方法。科学实验显示，有时候这类思维定式甚至要在 1 周后才会消失。

当受到阻挠时,我们就安排个休息时间,让自身完全从那个情境中抽离出来。如此一来,大脑会形成一种有益的遗忘。令人感到愉悦的是,它是以一种完全被动的形式来克服思维定式,我们甚至不必耗费心力,只需要些许耐心就可以了。

文化和研究领域的几位泰斗——德国剧作家贝托尔特·布莱希特、物理学家爱因斯坦、英国喜剧演员卓别林等——都在一段创造性的遗忘之后,才显露出他们无与伦比的才华与成就。

# 40 | 过度理由效应
## 外在奖励能否增加动力

避免过度理由效应吧!将内在动机的好处带给自己与他人。

我们假设你家旁边住着一位上了年纪的老太太,她行动不便。隔壁一位大学生每周帮她采购一次必需品,他显然很喜欢帮助人,能帮邻居的忙,他觉得非常愉快,每次还会和这位老太太聊上几句。

假设这位老太太很富有,最近她在屋前走廊遇见了你,问了你一个问题:"那个年轻人帮我这么多忙,他是个大学生,应该不宽裕。我要不要每次都给他20欧元当作酬谢呢?这样我们就等于互相帮忙。"你会给老太太什么建议?

乍看之下，这件事很清楚：帮忙做事的人可能需要钱，被帮忙的人有钱可给。大家都能从中受惠，对吧？

但它没这么简单，如果那位大学生因此得到钱，他有可能突然对这件事失去兴趣——老太太就得另外找人帮忙采买了。

看似矛盾，但科学可以证明此言不假。这位大学生身上可能会出现过度理由效应，我们用这个术语来形容那些内在动机因外在的诱惑而被削弱甚至被破坏的现象。

基本上，动机就是追寻目标并去做特定事情的冲动，一般而言，我们又把动机分为内在与外在两种。

内在动机发自人的内心：我们做某件事，仅仅因为喜欢，觉得它很有趣或有意义。这对我们自己和别人来说，当然是最理想的状态。我们全身心奉献给自己喜欢做的事，每个因我们的作为而受惠的人，无论是自己的雇主还是之前提到的老太太，都非常幸运。其他人都觉得，我们会把被交代做的所有事情尽力做好。

外在动机与此相反，来自外部：我们做一些自己实际上不想也不会去做的事。我们之所以去做，要么为了得到奖赏，要么为了不受处罚。

内在动机与外在动机基本上可以同时发挥作用。比如，有人很幸运地喜欢去上班，虽然他们也因此获得报酬，但是其内在动机的占比越高，参与其中的每一个人的状态越好。重要的是，即使外在的奖励消失了，他们继续做那件事情的意愿还是会很高。

过度理由效应就是这么发挥作用的：我们突然因自己到目前

为止自愿且高兴做的事情而获得奖励,大脑便会重新评价这份工作,它会对自己说:"我如果是因为奖励才做这份工作,就不觉得它有多了不起了。"除此之外,它也与前文提过的认知失调有关(详见第 11 章"认知失调:为什么明知是错误的选择却仍顽固到底")。

这个过程是如何产生的?人一出生就被灌输:我们做那些不喜欢做的事情,那些令人感到不快的事,是有奖励的!把房间打扫得干净整齐,就可以看电视;把味道怪异的菠菜吞下肚,就可以去外面玩;把功课做完,就能吃一杯冰激凌或一块巧克力。这种情况一直持续下去,搞得许多人日后公然将薪酬视为抚慰心灵创伤的"赔偿金",或者"封口费"。同时,我们从未因从事愉快的活动而被奖励,例如看电视、打游戏或上网。所以,"奖励"与"令人感到不快的事物"之间的联结已在我们的意识中根深蒂固。

正因如此,外在的奖励"腐蚀"了我们对某种事情的评价:我们突然失去了做那件事情带来的欢乐。慢慢地,我们越来越关心能否得到奖励,而非做这件事收获的快乐。如果哪天领不到奖励了,我们便会停止做这件事。举例来说,研究人员在一项实验中让孩子们玩一种学数学的游戏,一开始他们都很投入,因为喜欢这个游戏,孩子们因为玩这个游戏而被奖赏了几天,研究人员停止奖赏后再观察孩子们是否还有兴趣玩这个游戏,结果与一开始相比,孩子们的投入程度明显下降。

人们一直以来都在对抗职场中的两难:为绩效设置了目标、

奖金与加薪等外在激励。实在太疯狂了。若要这么说，一位怀有纯粹内在动机的雇员干起活儿来最热忱，效率也最高。这些能为雇主带来最大效益的人，难道应该赚得最少吗？这样似乎很不公平，这种两难至今无解。因此在职场上为了谨慎起见，依然以外在激励为主。

难道说，外在奖励根本不适合用来激励人吗？并不是！外在奖励甚至能培养出完全意想不到的力量，如同我们已经知道的那样（详见第33章"条件反射：不规律的惩罚等同于间歇性的强化"）。我们童年时的例子也显示，（起码有时候）外在激励完全可以促使自己整理房间、吃菠菜、做功课。我们若缺乏内在动机，外在动机就能好好地发挥作用。对那些我们觉得很没意思的事情而言，外在动机挺有用的。现在，我们如果考虑到奖励原则在职场生活中依旧存在且运作良好，就会得出令人难过的结论：一般来说，人们对所从事的工作不太可能兴致高昂……

所以，但凡与外在奖励有关的，包括得到和给予，请务必小心。也许你能为自己或别人带来的最大奖励，就是发自内心主动去做某件事的快乐。

## 41 | **变化盲视**
### 为什么你对变化视而不见

变化盲视让我们对于世界认知产生疑问。

请比较以下两张图。

你看到了什么？

先透露一下：两张图不同。若还没发现其中的差别，请再仔细比较一遍。

再比较一次。

仍然没看出来吗？小提示：差别很大！这不是那种"大家来找不同"游戏里只少了一片小树叶或眉毛的图片，而是有一棵树不见了！

为什么我们只是翻了一页，要辨识出如此巨大的差异就变得这么困难了？

我们称这种现象为"变化盲视"，指的是改变出现之际，哪怕是巨大的变化，只要人的注意力被短暂打断（在这个例子里是翻页），就察觉不到改变。比如，一个屏幕上的图像闪烁跳动之际发生了巨大改变，也会出现同样的情况。我们就是没看到！即使眼睛稍微眨一下，也足以分散我们的注意力。

我们让自己默默地被糊弄，并错过一些精彩的改变。比方说，实验时观众甚至没看出来一个电影片段中有两个人的头像互换，前提是有人诱使观众做了一次短暂的眼球运动。

我们也不会留意到，正在跟自己讲话的对象变了。在一项实验中，实验同谋向一位路人问路，突然看似偶然地，有个拿着大包裹的人从两人中间穿过去，这时实验同谋迅速被替换，改由另外一个相貌全然不同的人上阵。结果简直令人难以置信，但千真万确：大部分路人没留意到站在自己面前的是完全不同的另一个人，只因为他们的注意力被一个大包裹极为短暂地分散了。那种利用隐藏的摄影机捉弄别人的电视节目，经常利用这种变化盲视，舞台上的魔术师也是如此。

即使我们没有分心，但当变化极其缓慢、循序渐进地发生时，也会出现变化盲视。比方说，在屏幕前的被试不会注意到，一张图像中的一棵树或一间房子非常缓慢地逐渐变了颜色。

变化盲视不只因为它的影响让人吃惊，其可能形成的原因也让人对自己实际上的世界观产生疑问。长期以来，我们以为自己已经把周围世界的图像当成稳定的视觉印象储存在脑海中，但如果我们连一个图像场景上最显著的改变都认不出来，这表示我们根本没有把周围环境的图像储存在脑海中！一旦我们的注意力暂时从图像上移开，我们的大脑可能就会删除图像，就像我们重新设定计算机，恢复出厂设置那样，每次都只是一眨眼的工夫。这又表示我们根本无法持续不断地观察自己周围的环境，而是每次睁开眼睛就必须重新制造一个全新的画面。显然，变化盲视真的只影响转瞬即逝的视觉印象，因为我们把情况及所作所为当作图式，稳妥地储存起来了。我们视觉上感受到的连续画面，可能只是视觉上的幻觉。就像我们在黑暗中行走的时候，每次都要重新摸索前进的道路……

## 42 | 闪光灯记忆
### 大脑如何伪造事实

我们能从记忆研究中的闪光灯记忆学到什么？

约翰·列农遭枪杀，美国挑战者号航天飞机爆炸事故，柏林墙倒塌，美国"9·11"事件，日本福岛核事故……

这些你都记得，仿佛昨天才发生一样。你是如何又是在哪里获悉这些震惊全世界的大事的呢？是谁告诉你的？你当时正在做什么……你的记忆究竟有多精准呢？

对令人惊愕的历史事件的闪光灯记忆，其特殊之处在于：我们脑海中有关这些事件非常丰富、生动且详细的图像，包括究竟怎么发生的,以及我们如何得知的。1977年起,美国著名的心理学家罗杰·布朗、詹姆斯·库立克等人一直着手研究人们对1963年肯尼迪总统遇刺身亡的大众记忆。

科学证明,闪光灯记忆被储存两次:一次是该事件本身,即事实记忆;另一次为次生记忆,即自传式记忆。由于涉及的情况特别有情绪感染力,所以我们的记忆提供了一项额外服务:一种特殊的储存形式,以及一种特别的信息检索方式。由于经常可以观察到记忆错误和记忆损失,专家们一次又一次地展开辩论,科学共识始终未达成。比如,美国前总统小布什"记得"2001年9月11日双子塔倒塌的某些电视画面,但那些画面当时并未在电视上播出。

科学推测,事件发生后的3个月,记忆的准确度会下降,大概在事件发生的12个月后,记忆便会停滞不动。此外,最新的研究显示,人与人之间的记忆差异很大,这与所唤起的事件在情绪上属于正面或负面有关。比如:那些对1989年柏林墙倒塌持正面看法的人,相对会记住伴随的情景、画面与气氛;那些对柏林墙倒塌持负面观感的人,主要记得的是资料与事实。

这些不同的加工与再现记忆是如何产生的?

令人高兴的事件中没有我们需要解决的问题,换句话说,人类的大脑不会自找麻烦去记所有不必要的数据、细节与鸡毛蒜皮的小事。

遇到负面事件时,对我们有利的做法是集中全部注意力于细节,系统化地分析,一个死角也不放过。因为我们认为负面经历就是危险，希望未来能辨识出来，最重要的是能及早避险。这可追溯到我们的史前历史：在狩猎时遇到猛兽的人最好记下所有细节，这样未来才能避开这个危险。同时对人有帮助的建议是：别过分注意令人产生恐惧和惊恐感的环境，因为在那种持续充满挑战的情境中，保持战斗力才是关键。我们从心灵受过创伤的人身上认识到相反的问题：如果事件发生很长一段时间后仍被清楚记住，每次回想时情绪还是不免激动，那么这个事件不仅影响我们的工作能力，甚至会殃及我们的整体生活质量。

另外，如果我们将好的感觉储存起来，它们会促使我们产生正向的心态，并增强我们的自信心。此外，我们喜欢记住这些时刻，因为太美好了。我们也喜欢与别人谈起这些美好的时刻，不经意间还会为"记忆"添加一两笔细节。

人类的大脑在区分这件事情上非常聪明："我现在应该把注意力放在事实上呢，还是将更多的精力放在感受上比较好？"聪明的大脑中有一个负责区分的杏仁核，由它分析潜在的危险，并且给许多事件打上不同的情绪性烙印。

就是这个杏仁核打开了虚假记忆和伪造的闸门：主要根据媒体报道与大量相关的图像而定，时过境迁后，我们有时不再清楚地记得谁、何时、何地、发生什么事、发生的过程等，原始的记忆可能失真，真实的事件变得模糊不清。

但我们至少对小布什有关"9·11"事件的错误记忆有了一个模糊的解释，他的原始记忆可能和后来看见的画面混淆在了一起。

## 43 | 偏见

### 为什么认定女人不会停车,男人不会倾听

偏见如何影响你的行为,你又如何影响偏见。

找一位同事或朋友玩一局关于偏见的宾果游戏!以下是几个常见的社会偏见,请挑选其中的两个分配给"正确"的社会群体。

谁先填写完成,谁就赢了。开始吧!

情绪化、懒惰、不切实际、渴望权力、好斗、善于交际、擅长逻辑分析、受教育程度低……

请将这些词语分配给以下群体。

男性:_____

女性:_____

政治人士：_____

失业者：_____

现在，请回答另一个问题：你本身有偏见吗？

我打赌你有偏见，对吗？在把常见的社会偏见分配给"正确"的群体时，只有少数人会真的无法做到。但是，大部分人都坚决否认自己有偏见。

有或没有偏见究竟意味着什么？偏见是如何产生的？又如何去除？

大部分人都对上述的常见偏见略知一二，这表示这些偏见至少存在于他们的头脑里。说"我没有任何偏见"的人并不等于"我的头脑里不存在偏见"。几乎所有人的头脑中都暗藏着社会上常见的偏见。

偏见是怎么进入我们大脑的？

研究人员假定有些基本态度是与生俱来的，这种假设尚未获得证实，但有一点很清楚：我们从身处的环境中"学习"偏见的速度快得不得了。

即使是年幼的孩子，也很容易受常见偏见的影响。在一个经典实验中，美国传奇教师简·埃利奥特把她的三年级学生分为两组：一组是蓝色眼睛的学生，另一组是棕色眼睛的学生。她对两组学生说，有蓝色眼睛的人比较优秀。结果影响巨大：小朋友彻底改变了他们的行为，蓝色眼睛的学生拒绝和棕色眼睛的学生在一起,不仅嘲笑他们,还希望"处罚"他们,因为他们的资质低人一等。棕色眼睛的学生学习成绩果真退步了。第二天,这位老师说现在棕色眼睛的学生"比较好",突然间一切反转,轮到蓝色眼睛的学生受欺负了。

这个实验表明,当有人说"那些人比较差劲"的时候,我们会快速敌视对方,不仅如此,受偏见冲击的群体也会立刻改变对自己的看法。

这在受影响的群体内会产生一种恐惧,导致他们害怕落入偏见。这种恐惧增加了他们的心理负担,经常导致偏见似乎"被证实"。在此,我们再次遇到了第 8 章"自证预言:思想可以控制即将发生的事吗"中的自证预言。每个曾经不得不在一群女性面前把蛋糕整齐地分成一块一块的男性(其实不难办到),以及曾经有幸在一群男性面前停车的女性(实际上要办到也不难),都已经和这种现象交过手。

所以,偏见可能产生严重的破坏性效果,而几乎所有人的头脑里都有偏见,因为显然它们不费吹灰之力就能进入我们的大脑。我们脑海中的偏见是图式,关于它的种种,我们在第 4 章"图式与启动:如何与讨厌的同事改善关系"中已经讨论过:图式很容易被激活,然后在不知不觉中发挥作用。

偏见也一样:在一场实验中,研究人员将被试放进一个"凑巧"有实验同谋在的房间附近,实验同谋嘴里嘟嘟囔囔着一个关于偏见的词语。光是这样就足以使被试在事后对该偏见所针对的群体给予恶评。图式如此轻易被激活，潜藏在我们内心的偏见亦然。

那么，当说我们"没有"偏见的时候，究竟是什么意思呢？图式被激活时，我们便自发地思考。如果希望"没有"偏见，此时我们就必须关闭自动思考，启动有意识的思考。只有靠有意识的思考，我们才能把刚刚被激活的图式压制下去。

然而，有意识的思考需要精力与集中精神！例如，我们在备感压力时，就不容易做有意识的思考；我们心神不宁，觉得沮丧、心力交瘁时，偏见就以我们认为不可能的方式冒出来，畅行无阻。许多实验证明：突然间，白人伤害了他们的黑人同学，男性辱骂他们的女同事，异性恋人士挑衅他们的同性恋邻居，如果你在事发后的某个安静时刻问他们的话，他们其实是"没有"任何偏见的人。

此外，我们的思考操作系统通常是"节能模式"，它不断地寻找理由来避开有意识的思考，让思考自动运转。偏见模式一旦冒出来，我们的认知、思考操作系统向来总是自问：我是否必须压制它，难道没有一个让自动思考过程运转的好理由吗？如果我们为了偏见找到了一个小小的证据，那我们基本上就不再需要压抑偏见了。接下来，我们可以轻松地让那个模式运转，省下力气，而且不会感到良心不安。比方说，我们今天在办公室又因那位莽撞的同事而大动肝火，然后我们有理由想到"男人都是好斗的自大狂"，这样我们心里就好受点儿。

我们究竟能不能完全克服偏见呢？能。有一个经过验证的方法：加强群体之间密集的个人接触，使得这些群体彼此依赖，并且必须为共同的目标努力工作。在学校里，这种方法被称为"拼图式合作学习法"，或"拼图法"，是美国著名的社会心理学家埃利奥特·阿伦森提出的。他把学习教材发给不同的小组，每一组必须让另一组的一部分成员向他们讲解，大家才能合力完成一项任务。随着小组的拼图交错连接得越多，消失的偏见也就越多。

在学校之外，我们能从中学到什么？"我没有偏见"这句话要小心说，而且反倒要知道所有人脑中都有很多偏见，只是压抑住了。这样一来，我们可以保持警惕，特别是当我们压力大而找借口的时候，这些偏见就会出现。最后，希望所有人都能运用拼图法，让我们的社会成为一张通力合作完成的拼图。

## 44 | **沟通的四维模型**
### 为什么男人和女人无法沟通

运用传播心理学的发送者—接收者模式促使团队合作。

你家里也这样?

# 44 沟通的四维模型：为什么男人和女人无法沟通

男人与女人之间的沟通史是一个充满误会的故事，甚至经常导致严重的后果。若想了解其中的原因，我们看一下"沟通的四维模型"，它挺管用的。著名的沟通与冲突研究者弗德曼·舒茨·冯·图恩提出了"沟通的四维模型"，他假定每则信息都有四个层面，即事实层面、诉求层面、关系层面与自我表达层面。

让我们以下列这个场景来说明：一男一女躺在床上，女人抚摸着男人的手臂，男人说："亲爱的，我头疼。"

女人从男人的话中听出什么意思呢？

- 在事实层面，信息和事实一清二楚："我胃不疼，背也不疼——我头疼。"
- 在诉求层面，说话者传达了想达成的目标："让我安静一会儿！"或者"我需要安慰！"
- 在关系层面，陈述了两人关系的质量，例如："我觉得我们的婚姻失败了……"
- 在自我表达层面，有一个关于自己处境的宣告："我现在觉得不太舒服。"

其实这并不复杂，但是理论上这四个简单的层面在实践中可能发展成严重的问题，因为我们不只有发布信息的发送者，还有一位接收者，这位接收者可能用这四个"耳朵"中的任何一个来接收信息。简单来说，在一个频道上播放的消息通常会由另一个频道来接听，因此潜意识中时常出现这样的过程：我们都不清楚自己用了哪张"嘴"叽叽喳喳，也不知道自己用了哪个"耳朵"倾听。

这种诠释的多样性可能在沟通中造成障碍、制造误会、令气氛紧张！同时这也会使问题变得有趣！

我们知道"嘴—耳朵的问题"并不只是女性与男性的沟通问题，尽管在多数情况下，女性喜欢在关系层面上打交道，男性则偏向于事实层面。本章一开始的那张插图表明，这种情形也可能反过来：在事实层面，女主人拿出来招待客人的既非白水，也非热可可，而是咖啡或茶。男客人却用他的"关系耳"接收到"我觉得你很性感"的信息，然后清楚地从事实层面表达，自己什么都不想喝，只想亲吻。

沟通就是这么简单。

附带一提，如果你对言外之意有疑问的话，建议你反问回去，例如下次若有人问你："喝咖啡，还是茶？"你就问："你到底想干吗？"

## 45 | 同步环境感知
### 为什么坐电梯时我们不会直勾勾地盯着别人

你如何利用动物研究的同步环境感知在日常生活中获益。

"叮当",电梯门关上了,按下楼层键,电梯缓缓上升。电梯内很挤,也很闷。我们像玩具锡兵似的,排排站,目光整齐划一地对准电梯门。我们盯着别人的后脑勺、后脑勺、后脑勺……

这相同的戏码怎么在这世界上的每一个地方、每一部电梯内,无时无刻在完全不同的人面前,一而再、再而三地上演?

在电梯之外,我们又从中学到了什么?

为了找出这个问题的答案,我们来看一看动物行为学——人与动物的比较行为研究。比如，在澳大利亚观察袋鼠无缘无故地扭打成一团，非要把对方打趴在地不可，是件很有趣的事。过了一段时间，刚才打得不可开交的袋鼠安静下来，悄无声息地坐成一排，望着相同的方向，仿佛无事发生一样。

动物心理学家对于这种逗趣的行为有以下解释：袋鼠通过将环境认知一致化的方式平静下来，进而关闭它们相互的社会感知。当它们坐成一排，望着同一个方向，看不到彼此的时候，它们就不必再为了对方而情绪激动，可以让和平重新降临……

当人类被放到一个狭小的空间时，这种机制也会发生作用。电梯内是一个狭小的空间，在很大程度上跨越了个人的距离和感觉界限。一般情况下，我们需要与陌生人保持约80厘米的社交距离，这样才会让自己感到舒服，否则很容易出现不适和攻击的感觉。

怎么办呢？在大多数情况下，我们又不得不搭乘电梯，所以必须根据情况调整自己的行为。我们会像袋鼠那样，借由注视电梯门来统一感知，以及通过将注意力集中在别人的后脑勺上来避开眼神接触。这样一来，我们既不会冒险对别人发送直接的刺激，又不会接收到他们的刺激，我们就没有情绪激动的理由。

你不妨测试一下，做一个反其道而行的实验：下次你反常地直勾勾盯着一起搭电梯的人，观察对方的反应，感受一下他的情绪变化。（小提示：要是气氛不对，必要时你就换上人类进化传承下来的面对恐惧时的笑容。裂开嘴，但是别做出咬人的样子。你通过这种具有防御性的道歉,结合友善的笑容,让局面缓和下来。)

"为了彼此之间不发生冲突,共同专注于第三个东西。"这项原则不仅适用于电梯和眼神交流,我们在第43章"偏见:为什么认定女人不会停车,男人不会倾听"中已经看到,我们若让两个相互敌视的群体把注意力放到共同的外部目标上,就能让他们达成和解。通过这种方式,当事人不再这么在乎他们是否彼此越过"激怒界限",而导致他们必须为此吵一架。此外,相似性原则也能发挥作用:共同点使得我们觉得别人更亲切友善。比方说,共同对准电梯门的目光,把注意力集中在另外一个共同目标上。当你想要让一个激烈的场面平静下来时,这些小诀窍会有所帮助。

## 46 | 聚光灯效应
### 真的有你想象中那么尴尬吗

如果深谙人格心理学的聚光灯效应，你的生活会更轻松舒心。

在你最好的朋友举办的热闹聚会上，你满嘴酒气地对着一群站在你身旁的人说："我再去拿点儿喝的来。"几分钟后，你满载而归：两杯意大利香槟酒、两杯啤酒，左臂还巧妙地夹着一瓶伏特加。忽然，有一张餐巾纸从桌上掉下来，飘落在你前方的地面上，但没有引起你的注意。你的右脚先是轻微但优雅地往前滑，然后一直停不下来，在整个过程中，你十分狼狈，幸好桌角将你拦住了。酒杯应声落地碎成一片，发出巨响。

你怎么想？

- "怎么回事？"
- "我真想立刻钻进地洞里，再也不要和这些人见面。"
- "还不算太糟，5分钟后就没人记得这一幕了。"

如果你是凡事都不在乎的现代人，你不只是心里会想"怎么回事"，还会笃定地问那群人刚才发生了什么。但是，大部分人在遇到这种情况的时候，会倾向于"钻进地洞里"。

现在，真正有趣的问题来了：其他人如何看待这个情况呢？他们是否也认为你再也没脸出现在他们眼前了？科学证明，大多数旁观者只会短暂地觉察到这样的意外（假如真的发生了），并不会多想。

我们通常会过度高估别人对我们的关注。科学上，我们称这种现象为"聚光灯效应"，我们以为自己更受人关注，实则不然。

聚光灯效应多次经实验证实，结果惊人。举例来说，让大学生穿上令其觉得尴尬的运动衫，比如衣服上印着大学生圈中公认的令人尴尬的物品或人物，之后问参与实验的大学生，他们认为有多少旁观者注意到了那件让人觉得尴尬的运动衫，接下来再去问那些旁观者，然后比较数字。结果是，记得这件运动衫的旁观者人数不到被试猜想的一半！其他实验也得到了类似的结果，参加讨论的人同样猜想，别的被试一定注意到了自己的表现有多么差劲，他们的揣测都比实际情况悲观得多。

聚光灯效应和前文讨论的自我中心主义有关（详见第13章"自我中心主义的陷阱：如果想挽救婚姻，时不时换位思考一下"），我们对自己所作所为的感知当然特别强烈，并因此假定别人也和我们一样全都看得清清楚楚，无一遗漏。我们忘了（就像经常发生的那样）改变自己的观点，并在思想上短暂地融入别人的角色。我们如果这样做，很快就会明白：其他人虽然和我们一样观察仔细，但观察对象不是我们，而是他们自己！因为他们正与自己的自我中心主义搏斗呢。我们不只是在聚会上谨小慎微，基本上在生活中也面对这个可怕的问题："其他人会怎么想我呀？"

聚光灯效应不只在令人尴尬的情境中发挥作用，当我们自我感觉良好的时候，我们会认为别人比他们表现出来的更注意我们。每当我们在讨论会上发表了一些高明的见解，当我们把居家时的垃圾带下楼，或者在公司项目中做出了重大的贡献时，我们感受到打在自己身上的聚光灯比实际上看起来的多得多。如果我们日后发觉，原来自己的良好表现没成为众人的焦点，也许别人根本没觉察到我们的表现有多亮眼，我们马上就会很失望，尤其是在工作和家事上，这很容易令人变得沮丧："根本没有人留意到我为这里付出了多少。"

意识到别人对我们的兴趣不如自己以为的那么大时，虽然感到苦闷，但也如释重负。当你熟悉聚光灯效应并不时提醒自己时，你可以获得两种帮助：一方面，几乎没有什么事能让你真的感到尴尬，因为别人其实把注意力更多地放在自己身上，根本不会察觉到这件事；另一方面，你不再期望所有人都关注到你的优秀表现，这会保护你免受失望的打击——其实大家对别人并不那么关心。

# 47 | 冲动控制
## 不要立刻满足孩子的愿望

冲动控制使人更有成就感,而且是可以习得的。

假设有人把一块巧克力递到你面前,并让你选择:你现在就拿走这块巧克力,它就是你的了;如果你不拿走,等到明天,你就能得到两块巧克力。你怎么做?(各位男士:你可以把"巧克力"换成"牛排"。)

对你来说,这似乎是一场无足轻重的小孩玩的游戏,但这场游戏可能比你想象的更有预测性,不仅能预测你目前的人生道路,还能预测你未来的道路。

这个巧克力问题改编自美国心理学家沃尔特·米歇尔于20世纪60年代对孩童做的一个著名实验，他把一盒棉花糖放在孩子们面前，让他们选择：要么立刻从盒子里拿出一块棉花糖，要么等几分钟就可以拿两块。几个小孩立刻拿了一块棉花糖，其他小孩竭尽全力抵抗当下的诱惑，想得到第二块。他们移开视线，闭上眼睛，或者用其他方式分散注意力。

至此，还没发生什么不同寻常的事情。这些孩子只是明显地做出了不同的反应。

令人惊讶的事情发生在14年后，米歇尔一一寻访当年的那些孩子，他想研究如今已经是年轻人的他们是否有成就、对生活是否满意。结果很清楚：当时能够等待第二块棉花糖的人，现在在校成绩更好，能承受更多压力，而且普遍更自信、冷静、善于交际。立刻拿起棉花糖的人与此相反，如今成就较少；身边的人评价他们也是用"很沮丧""容易忌妒别人"这样的话语。

放弃即时满足强烈欲望的能力，就是我们所说的"延迟满足"或"冲动控制"。这个著名的米歇尔实验清楚地证明：我们越是能控制自己的冲动，延迟满足，越有可能在工作与社交方面获得成功。就是这么简单。

这些相互关系也使人明白：不只是工作上，于个人生活中，我们的人生道路也要克服许多障碍。别人不见得都会张开双臂接纳我们，立刻给我们所需要的东西。我们经常也遭人拒绝，最后能成功的都是那些持之以恒、反复尝试的人。另外，当我们没有立刻获得自己想要的东西时，若能在情感与情绪上好好地面对，障碍就会变得不那么大。不被这类挫折烦扰的人不仅更有毅力，而且通常心情更佳，也比较满足——即使过程中他们经历了所有的挫折，我们称之为"挫折承受力"。这种能力很早就能通过向孩子们提出棉花糖的问题测试出来。

对那些立刻伸手（或者可能伸手）拿棉花糖的孩子来说，难道为时已晚？不，幸好不是！冲动控制是可以训练的。请你留意一下，当你满心想着自己非常想要的新鞋或新手机时，你非得今天买吗？或者你把它写在下次逛街的购物清单上？如果希望另一半现在亲你一下，可是对方正在忙别的事，对你说"现在不行"，你会一整个晚上闷闷不乐吗？或者你对自己说："过一会儿再吻同样甜蜜，说不定还不止一个吻呢！"

如果你更倾向于即时满足的答案选项，你可以通过锻炼耐性来帮自己。因为延迟满足欲望的例子包括上一段的"非常想要的新手机"和"另一半给你一个吻"：这关系到你生活中一个非常重要的能力。如果你有小孩，那么对他们的人生最好的投资就是，不要立刻满足他们的每一个愿望。

# 48 | 一心多用
## 多任务处理与天赋和性别无关

一心多用何时有效又高效,重要的是何时无效又无益?

熨衣服、打电话、泡茶、收看新闻、看书、泡澡,你认为谁更擅长同时进行这些事项?

- 男性
- 女性

一心多用是同时处理多项工作的特殊才能,而且能把每一项都做得尽善尽美。到目前为止,这项才能只归我们的女性同胞所有。长期以来,科学界深信,若论同时处理多项工作的能耐,女性比男性擅长多了。比方说，在一个有女性和男性足球迷的家庭中，根据观察，有足球赛转播时，男性会放下自己正在忙的事，认真倾听比赛解说（没错，倾听，虽然他们平常缺少这项本领……）。女性同样兴味盎然地聆听，但会继续手上的工作，不会中断。

目前得到的解释如下。

第一，女性的右脑和左脑能够以高于平均速度的速度来回切换，支持上述论点的是：只有少数男性有多任务处理能力，并且其中极大一部分女性用左手和右手都能写字，写得一样好不说，做起其他事情来也能左右开弓。其先决条件是，左半脑和右半脑能巧妙地自由切换。

第二，女性很早就开始练习同时完成多项任务，例如在照顾小孩的同时打理其他事情。

第三，基本上，一项能力是靠练习训练和培养出来的。众所周知，（据说）女性在一心多用方面胜过男性，所以假使女性在与人往来的同时处理不同的事情，她们仅仅会被认为稍显无礼。她们基于自我实现的预言可以不断去练习一心多用，做着做着……她们有朝一日真的就掌握了这项本领。男性就完全不同了，他们（据说）一次只能做一件事情，所以假设他们因上网或刮胡子而没有全神贯注在通话上，他们就会被认为非常没有礼貌。

这些都是过去式了，一项最新的研究消除了这些成见。德国联邦职业安全与健康协会进行了一项研究，他们设置了两项任务给被试，被试必须在仿真驾驶过程中根据信号更换车道；此外，在模拟办公室工作时，被试必须在计算机上辨识出一个接一个出现在屏幕上的拼写错误。

每位被试在第一轮都完成了两项任务，到了第二轮，研究人员增加了一项额外的任务：被试必须在驾驶的同时，在手机上按一个数字，或者念出一个路标；他们在计算机前寻找拼写错误的同时，必须戴着耳机听一篇文章，并且记住文章的内容。表现、主观经验与身体反应会被记录为"反应变量"。

结果显示：预设女性拥有能同时做好几件事的天赋是个谬论，男性和女性在一心多用的条件下所完成的基本任务（换车道与找出拼写错误）都比没有兼顾其他事情做得糟糕。同时做好几件事情的人冒着表现较为不佳的风险，除了精神更加紧张，意外风险也提高了，而且不分性别。希望同时完成所有任务的人，到最后可能比分别处理各项事务的人花的时间还要多。

基本上，一心多用的成效与任务种类有关。如果你对某项工作非常熟悉，那么你即使同时在忙别的事情，也能轻松地做这件事。比方说，一边吃早餐一边看报、在浴缸里泡澡的同时啜饮一杯香槟、开车的同时打电话又留意导航显示。不过，若一边开车一边涂口红的话，难度较高，也明显危险多了。

# 49 | 潜意识
## 好酒沉瓮底：你永远有理的诀窍

心理分析的秘密武器，传授你未来永远是赢家的诀窍。

潜意识是心理学家的撒手锏……

因为潜意识可以逃过科学检验，它的存在从未被证实过。然而，这并未给心理学家造成太多困扰，因为潜意识是一个非常实用的主张。如果病人哪天不同意心理医生大胆的分析，那么心理医生总是可以回答："我知道你在潜意识里对治疗非常满意，只是你自己不知道而已。"他是对的，而且永远有理。

我们从中学到了什么？

第一，如果你哪天发现自己的论点快说不通了，请借口说是因为你谈话对象的某些潜意识使然，于是他应该先为你提出反证。

第二，小心提防心理学家。

# 参考文献

## 01 重构

1. Bandler, R. & Grinder, J. (2005): *Reframing. Ein ökologischer Ansatz in der Psychotherapie (NLP)*. Paderborn: Junfermann.
2. Conoley, C. W. & Garber, R. A. (1985): *Effects of Reframing and Self-Control Directives on Loneliness, Depression, and Controllability*. Journal of Counseling Psychology, 32 (1), 139–142.
3. O'Connor, J. (2007): NLP–*das Workbook*. Kirchzarten: Vak-Verlag.
4. Robbins, M. S., Alexander, J. F., Newell, R. M. & Turner, C. W. (1996): *The Immediate Effect of Reframing on Client Attitude in Family Therapy*. Journal of Family Psychology, 10, 28–24.

## 02 习惯化

1. Nelson, L. D., Meyvis, T. & Galak, J. (2009): *Enhancing the Television-Viewing Experience through Commercial Interruptions*. Journal of Consumer Research, 36, 160–172.
2. Peiper, A. (1925): *Sinnesempfindungen des Kindes vor seiner Geburt*. Monatsschrift für Kinderheilkunde, 29, 237–241.

## 03 基本归因错误

1. Ross, L. (1977): "The intuitive psychologist and his shortcomings: Distortions in the attribution process." In: Berkowitz, L. (Hrsg.): *Advances in Experimental Social Psychology*. New York: Academic Press.

## 04 图式与启动

1. Bargh, J. A., Gollwitzer, P. M., Lee-Chai, A. Y., Barndollar, K. & Troetschel, R. (2001): *The automated will: Nonconscious activation and pursuit of behavioral goals*. Journal of Personality and Social Psychology, 81, 1014–1027.
2. Higgins, E. T., Rholes, W. S. & Jones, C. R. (1977): *Category Accessibility and Impression Formation*. Journal of Experimental. Social Psychology, 13, 141–154.

## 05 社会比较理论

1. Festinger, L. (1954): *A Theory of Social Comparison Processes*. Human Relations, 7, 117–140.
2. Fliessbach, K., Weber, B., Trautner, P., Dohmen, T., Sunde, U., Elger, C. E. & Falk, A. (2007): *Social Comparison Affects Reward-Related Brain Activity in the Human Ventral Striatum*. Science, 318, 1305–1308.

## 06 真实感受与虚假感受

1. Holler, I. (2010): *Trainingsbuch Gewaltfreie Kommunikation* (Kap. 4 und 5). Paderborn: Junfermann.
2. Rosenberg, M. B. (2007): *Gewaltfreie Kommunikation: Eine Sprache des Lebens* (Kap. 5 und 6). Paderborn: Junfermann.

## 07 面部反馈假设

1. Strack, F., Martin, L. & Stepper, S. (1988): *Inhibiting and facilitating conditions of the human smile: A nonobtrusive test of the facial feedback hypothesis*. Journal of Personality and Social Psychology, 54, 768–777.
2. Tomkins, S. (1962): *Affect, imagery, consciousness: The positive affects*. New York: Springer.

## 08 自证预言

1. Biggs, M. (2009): "Self-fulfilling Prophecies." In: Bearman, P. & Hedström, P. (Hrsg.): *The Oxford Handbook of Analytical Sociology* (Kap. 13). Oxford: University Press.
2. Ferraro, F. & Sutton, J. (2005): *Economics Language and Assumptions: How Theories can become Self-Fulfilling*. Academy of Management Review, 30, 8–24.

## 09 知觉类别化

1. Redden, J. P. (2008): *Reducing Satiation: The Role of Categorization Level*. Journal of Consumer Research, 34, 624–634.

## 10 积极倾听

1. Bay, R. H. (2010): *Erfolgreiche Gespräche durch aktives Zuhören* (Kap. 1, 3, 5 und 6). Renningen: Expert Verlag.

## 11 认知失调

1. Aronson, E. & Mills, J. (1959): *The effect of severity of initiation on liking for a group*. Journal of Abnormal and Social Psychology, 59, 177–181.
2. Egan, L. C., Santos, L. R. & Bloom, P. (2007): *The Origins of Cognitive Dissonance.*

*Evidence From Children and Monkeys.* Psychological Science, 18, 978–983.
3. Festinger, L., Irle, M. & Möntmann, V. (1978): *Theorie der kognitiven Dissonanz.* Bern: Huber.

## 12 意象训练
1. Morewedge, C. K., Huh, Y. E. & Vosgerau, J. (2010): *Thought for Food: Imagined Consumption Reduces Actual Consumption.* Science, 330, 1530–1533.

## 13 自我中心主义的陷阱
1. Borke, H. (1971): *Interpersonal perception of young children: Egocentrism or empathy?* Developmental Psychology, 5, 263–269.
2. Piaget, J. (1992): *Das Weltbild des Kindes.* München: Deutscher Taschenbuch Verlag.

## 14 优越错觉
1. Buunk, B. P. (2001): *Perceived superiority of one's own relationship and perceived prevalence of happy and unhappy relationships.* British Journal of Social Psychology, 40, 565–574.
2. Ehrlinger, J., Johnson, K., Banner, M., Dunning, D. & Kruger, J. (2008): *Why the unskilled are unaware: Further explorations of (absent) self-insight among the incompetent.* Organizational Behavior and Human Decision Processes, 105, 98–121.

## 15 同情与同理
1. Finke, J. (2004): *Empathie und Interaktion.* Stuttgart: Thieme.

## 16 投射与倾听
1. Deimann, P. & Kastner-Koller, U. (1992): *Was machen Klienten mit Ratschlägen? Eine Studie zur Compliance in der Erziehungsberatung.* Praxis der Kinderpsychologie und Kinderpsychiatrie, 41, 46–52.
2. Linden, M. (2005): *Prinzipien der Psychotherapie.* Medizinische Therapie, 15, 1317–1322.
3. Rogers, C. R. (2008): *Entwicklung der Persönlichkeit: Psychotherapie aus der Sicht eines Therapeuten.* Stuttgart: Klett-Cotta.

## 17 锚定效应
1. Critcher, C. R. & Gilovich, T. (2008): *Incidental environmental anchors.* Journal of Behavioral Decision Making, 21, 241–251.
2. Kahneman, D. & Tversky, A. (1972): *Subjective probability: a judgement of representativeness.* Cognitive Psychology, 3, 430–454.

3. Kahneman, D. & Tversky, A. (1973): *On the psychology of prediction*. Psychological Review, 80, 237–251.
4. Northcraft, G. B. & Neale, M. A. (1987): *Experts, amateurs, and real estate: An anchoring-and-adjustment perspective on property pricing decisions*. Organizational Behavior and Human Decision Processes, 39, 84–97.

## 18 可得性偏差

1. Schwarz, N., Bless, H., Strack, F., Klumpp, G., Rittenauer-Schatka, H. & Simons, A. (1991): *Ease of retrieval as information: Another look at the availability heuristic*. Journal of Personality and Social Psychology, 61, 195–20.

## 19 首因效应与近因效应

1. Anderson, N. H. & Barrios, A. A. (1961): *Primacy effects in personality impression formation*. The Journal of Abnormal and Social Psychology, 63, 346–350.
2. Baddeley, A. D. & Hitch, G. (1993): *The recency effect: implicit learning with explicit retrieval?* Memory & Cognition, 21, 146–155.

## 20 光环效应

1. Averett, S. & Korenman, S. (1996): *The Economic Reality of the Beauty Myth*. Journal of Human Resources, 31, 304–330.
2. Badr, L. K. & Abdallah, B. (2001): *Physical attractiveness of premature infants affects outcome at discharge from the NICU*. Infant Behavior and Development, 24, 129–133.
3. Hamermesh, D. S. & Biddle, J. E. (1994): *Beauty and the Labor Market*. American Economic Review, 84, 1174–1194.
4. Thorndike, E. L. (1920): *A constant error on psychological rating*. Journal of Applied Psychology, 4, 25–29.

## 21 适应压力源

1. Krohne, H. W. & Slangen, K. E. (2005): *Influence of Social Support on Adaptation to Surgery*. Health Psychology, 24, 101–105.
2. Selye, H. (1956): *Stress beherrscht unser Leben*. Düsseldorf: Econ.
3. Taylor, S. E., Klein, L. C., Lewis, B. P., Gruenewald, T. L., Gurung, R. A. & Updegraff, J. A. (2000): *Biobehavioral Responses to Stress in Females: Tend-and-Befriend, Not Fight-or-Flight*. Psychological Review, 107, 411–429.

## 22 自我效能感

1. Bandura, A. (1997): *Self-Efficacy: The Exercise of Control*. New York: Freeman.
2. Langer, E. & Rodin, J. (1976): *The effects of choice and enhanced personal*

*reponsibility for the aged: A field experiment in an institutional setting*. Journal of Personality and Social Psychology, 134, 191–198.

## 23 自我暗示
1. Freud, S. (1960): *Das Unbewusste: Schriften zur Psychoanalyse*. Frankfurt/M.: Fischer.
2. Kitz, V. & Tusch, M. (2011): *Ich will so werden, wie ich bin–Für SelberLeber*. Frankfurt/M.: Campus.
3. Murphy, J. (2009): *Die Macht Ihres Unterbewusstseins* (Kap. 2 und 3). München: Ariston.

## 24 控制的错觉
1. Whitson, J. A. & Galinsky, A. D. (2008): *Lacking Control Increases Illusory Pattern Perception. Science*, 322, 115–117.

## 25 人为稀缺性
1. Mayer, H. O. (2005): *Einführung in die Wahrnehmungs-, Lern- und Werbepsychologie* (Kap. 5). München: Oldenbourg.

## 26 简单暴露效应
1. Graziano, W. G., Jensen-Campbell, L. A., Shebilske, L. J. & Lundgren, S. R. (1993): *Social influence, sex differences and judgements of beauty: Putting the interpersonal back into interpersonal attraction*. Journal of Personality and Social Psychology, 65, 522–531.
2. Hasher, L., Goldstein, D. & Toppino, T. (1977): *Frequency and the conference of referential validity*. Journal of Verbal Learning and Verbal Behavior, 16, 107–112.
3. Moreland, R. L. & Beach, S. R. (1992): *Exposure effects in the classroom: The development of affinity among students*. Journal of Experimental Social Psychology, 28, 255–276.
4. Moreland, R. L. & Zajonc, R. B. (1982): *Exposure effects in person perception: Familiarity, similarity, and attraction*. Journal of Experimental Social Psychology, 18, 395–415.

## 27 相似性原则
1. Amodio, D. M. & Showers, C. J. (2005): *"Similarity breeds liking" revisited: The moderating role of commitment*. Journal of Social and Personal Relationships, 22, 817–836.
2. Hinsz, V. B. (1989): *Facial Resemblance in Engaged and Married Couples*. Journal of

Social and Personal Relationships, 6, 223–229.
3. McPherson, M., Smith-Lovin, J. & Cook, J. M. (2001): *Birds of a feather: Homophily in Social Networks*. Annual Review of Sociology, 27, 415–444.

## 28　平衡理论
1. Heider, F. (1958): *The psychology of interpersonal relations*. New York: Wiley.

## 29　互惠好感
1. Curtis, R. C. & Miller, K. (1986): *Believing another likes or dislikes you: Behaviors making the beliefs come true*. Journal of Personality and Social Psychology, 51, 284–290.
2. Gold, J. A., Ryckman, R. M. & Mosley, N. R. (1984): *Romantic mood induction and attraction to a dissimilar other: Is love blind?* Personality and Social Psychology, 10, 358–368.
3. Swann, W. B., Stein-Seroussi, A. & McNulty, S E. (1992): *Outcasts in a White-Lie Society: The Enigmatic Worlds of People With Negative Self-Conceptions*. Journal of Personality and Social Psychology, 62, 618–324.

## 30　睁大眼睛
1. Axelsson, J., Sundelin, T., Ingre, M., Van Someren, E. J. W., Olsson, A. & Lekander, M. (2010): *Beauty sleep: experimental study on the perceived health and attractiveness of sleep deprived people*. British Medical Journal online, DOI: 10.1136/bmj.c6614 (http://www.bmj.com/content/341/bmj.c6614).
2. Cunningham, M. R. (1986): *Measuring the Physical in Physical Attractiveness: Quasi-Experiments on the Sociobiology of Female Facial Beauty*. Journal of Personality and Social Psychology, 50, 925–935.
3. Cunningham, M. R., Barbee, A. P. & Pike, C. L. (1990): *What do women want? Facialmetric assesment on multiple motives in the perception of male facial physical attractiveness*. Journal of Personality and Social Psychology, 59, 61–72.
4. Graziano, W. G., Jensen-Campbell, L. A., Shebilske, L. J. & Lundgren, S. R. (1993): *Social influence, sex differences and judgements of beauty: Putting the interpersonal back into interpersonal attraction*. Journal of Personality and Social Psychology, 65, 522–531.

## 31　共通性与双赢
1. Besemer, C. (2009): *Mediation: Die Kunst der Vermittlung in Konflikten*. Tübingen: Gewaltfrei Leben Lernen.
2. Glasl, F. (2004): K*onfliktmanagement: Ein Handbuch für Führungskräfte, Beraterinnen*

und Berater (Kap. 2). Stuttgart: Freies Geistesleben.
3. Kitz, V. & Tusch, M. (2011): *Ich will so werden, wie ich bin-Für SelberLeber*. Frankfurt/M.: Campus.
4. Tusch, M. (2011): *Ein Tusch für alle Fälle. Schulungs-DVD für Mediation*. Offenbach: Gabal.

## 32 如何轻松得到他人的帮助
1. Cialdini, R. B., Darby, B. L. & Vincent, J. E. (1973): *Transgression and altruism: A case for hedonism*. Journal of Personality and Social Psychology, 9, 502–516.
2. Isen, A. M. & Levin, P. F. (1972): *Effect of feeling good on helping: Cookies and kindness*. Journal of Personality and Social Psychology, 21, 384–388.
3. McMillen, D. L., Sanders, D. Y. & Solomon, G. S. (1977): *Self-esteem, Attentiveness, and Helping Behavior*. Personality and Social Psychology Bulletin, 3, 257–261.
4. North, A. C., Tarrant, M. & Hargreaves, J. (2004): *The Effects of Music on Helping Behavior*. Environment and Behavior, 36, 266–275.

## 33 条件反射
1. Lefrancois, G. R. (2003): *Psychologie des Lernens* (Kap. 2–4). Berlin: Springer.
2. Margraf, J. & Schneider, S. (2009): *Lehrbuch der Verhaltenstherapie. Grundlagen, Diagnostik, Verfahren, Rahmenbedingungen* (S. 101–113). Berlin: Springer.

## 34 心灵净化
1. Fischer, G. & Riedesser, P. (2009): *Lehrbuch der Psychotraumatologie* (Kap. 4). Stuttgart: UTB.
2. Resick, P. (2003): *Stress und Trauma: Grundlagen der Psychotraumatologie* (Kap. 7). Bern: Huber.

## 35 从众行为
1. Asch, S. (1951): *Opinions and social pressure*. Scientific American, 193, 31–35.
2. Berns, G. S., Chappelow, J., Zink, C. F., Pagnoni, G., Martin-Skurski, M. E. & Richards, J. (2005): *Neurobiological Correlates of Social Conformity and Independence During Mental Rotation*. Biological Psychiatry, 58, 245–253.
3. Milgram, S. (1982): *Das Milgram-Experiment. Zur Gehorsamsbereitschaft gegenüber Autorität*. Reinbek: Rowohlt.
4. Rohrer, J. H., Baron, S. H., Hoffman, E. L. & Swander, D. V. (1954): *The stability of autokinetic judgments*. Journal of Abnormal and Social Psychology, 49, 595–597.

## 36 旁观者效应

1. Beaman, A. L., Barnes, P. J., Klentz, B. & McQuirk, B. (1978): *Increasing Helping Rates Through Information Dissemination: Teaching Pays*. Personality And Social Psychology Bulletin, 4, 406–411.
2. Darley, J. M. & Latané, B. (1970): *The unresponsive bystander: Why doesn't he help?* New York: Appleton-Century Crofts.
3. Darley, J. M. & Latané, B. (1968): *.Bystander intervention in emergencies: Diffusion of responsibility*. Journal of Personality and Social Psychology, 8, 377–383.

## 37 心理逆反

1. Brehm, J. W.(1966): *Theory of psychological reactance*. New York: Academic Press.
2. Mischel, W. & Masters, J. C.(1966): *Effects of probability of reward attainment on responses to frustration*. Journal of Personality and Social Psychology, 3, 390–396.

## 38 禀赋效应

1. Kahneman, D., Knetsch, J. L. & Thaler, R. H.(1990): *Experimental Test of the endowment effect and the Coase Theorem*. Journal of Political Economy, 98, 1325–1348.
2. Kuhnen, C. M. & Knutson, B.(2005): *The Neural Basis of Financial Risk Taking*. Neuron, 47, 763–770.

## 39 思维定式

1. Duncker, K.(1945): *On problem solving*. Psychological Monographs, 58, 1–110.
2. Hussy, W.(1998): *Denken und Problemlösen*. Stuttgart: Kohlhammer.
3. Schneider, W.(2003): *Die Enzyklopädie der Faulheit: Ein Anleitungsbuch*. Frankfurt/M.: Eichborn.

## 40 过度理由效应

1. Deci, E. L.(1971): *Effects of externally mediated rewards on intrinsic motivation*. Journal of Personality and Social Psychology, 18, 105–115.
2. Fehr, E. & Falk, A.(2002): *Psychological foundations of incentives*. European Economic Review, 46, 687–724.
3. Greene, D., Sternberg, B. & Lepper, M. R.(1976): *Overjustification in a token economy*. Journal of Personality and Social Psychology, 34, 1219–1234.

## 41 变化盲视

1. Grimes, J.(1996): "On the failure to detect changes in scenes across saccades". In: Akins, K.(Hrsg.): *Perception* (Vancouver Studies in Cognitive Science), 2, 89–110. New York: Oxford University Press.

2. Levin, D. T. & Simons, D. J.(1997): *Failure to detect changes to attended objects in motion pictures*. Psychonomic Bulletin and Review, 4, 501–506.
3. O'Regan, J. K. & Noe, A.(2001): *A sensorimotor account of vision and visual consciousness*. Behavioral and Brain Sciences, 24, 939–1031.
4. Simons, D. J. & Levin, D. T.(1998): *Failure to detect changes to people during a real-world interaction*. Psychonomic Bulletin and Review, 5, 644–649.

## 42 闪光灯记忆

1. Bohn, A. & Berntsen, D.(2007): *Pleasantness Bias in Flashbulb Memories: Positive and negative Flashbulb Memories of the Fall of the Berlin Wall*. Memory and Cognition, 35, 565–577.
2. Brown, R., & Kulik, J.(1977): *Flashbulb memories*. Cognition, 5, 73–99.
3. Greenberg, D. L.(2004): *President Bush's False "Flashbulb" Memory of 9/11/01*. Applied Cognitive Psychology, 17, 363–370.
4. Hamann, S. B., Ely, T. D., Grafton, S. T. & Kilts, C. D.(1999): *Amygdala activity related to enhanced memory for pleasant and aversive stimuli*. Nature Neuroscience, 2, 289–293.
5. McCloskey, M., Wible, C. G. & Cohen, N. J.(1988): *Is There a Special Flashbulb-Memory Mechanism?* Journal of Experimental Psychology, 117, 171–181.
6. Neisser, U., Winograd, E., Bergman, E. T., Schreiber, C. A., Palmer, S. E. & Weldon, M. S.(1996): *Remembering the earthquake: direct experience vs. hearing the news*. Memory, 4, 337–357.

## 43 偏见

1. Aronson, E. & Bridgeman, D.(1979): *Jigsaw groups and the desegregated classroom: In pursuit of common goals*. Personality and Social Psychology Bulletin, 5, 438–446.
2. Aronson, E., Wilson, T. D. & Akert, R. M.(2008): *Sozialpsychologie* (Kap. 13). München: Pearson.
3. Aronson, J., Lustina, M. J., Good, C. & Keough, K.(1999): *When White Men Can't Do Math: Necessary and Sufficient Factors in Stereotype Threat*. Journal of Experimental Social Psychology, 35, 29–46.
4. Devine, P. G.(1989): *Stereotypes and prejudice: Their automatic and controlled components*. Journal of Personality and Social Psychology, 56, 5–18.
5. Greenberg, J & Pyszczynski, T. A.(1985): *The Effect of an Overheard Slur on Evaluations of the Target: How to Spread a Social Disease*. Journal of Experimental Social Psychology, 21, 61–72.
6. Rogers, R. W. & Prentice-Dunn, S.(1981): *Deindividuation and anger-mediated interracial aggression: Unmasking regressive racism*. Journal of Personality and

Social Psychology, 41, 63–71.

**44　沟通的四维模型**
1. Schulz von Thun, F.(2008): *Miteinander reden*. Band 1(Teil A). Berlin: Rowohlt.
2. Watzlawick, P., Beavin, J. H., & Jackson, D. D.(2011): *Menschliche Kommunikation: Formen Störungen Paradoxien* (Kap. 3). Bern: Huber.

**45　同步环境感知**
1. Kappeler, P.(2008): *Verhaltensbiologie* (Kap. 14 und 15). Berlin: Springer.
2. Wehnelt, S. & Beyer, P.-K.(2002): *Ethologie in der Praxis: Eine Anleitung zur angewandten Ethologie im Zoo* (Kap. 2.3.2). Fürth: Filander.

**46　聚光灯效应**
1. Gilovich, T., Medvec, V. H. & Savitsky, K.(2000): *The spotlight effect in social judgement: An egocentric bias in estimates of the salience of one's own actions and appearance*. Journal of Personality and Social Psychology, 78, 211–222.

**47　冲动控制**
1. Mischel, W. & Ayduk, O.(2004): "Willpower in a cognitive-affective processing system: The dynamics of delay of gratification". In: Baumeister, R. F. & Vohs, K. D.(Hrsg.): *Handbook of self-regulation: Research, Theory, and Applications*, 99–129. New York: Guilford.

**48　一心多用**
1. Paridon, H.(2010): *Irrglaube Multitasking*. Arbeit und Gesundheit, 10, 12–13.
2. Sayer, L. C.(2007): "Gender Differences in the Relationship between Long Employee Hours and Multitasking". In: Rubin, B. A.(Hrsg.): *Workplace Temporalities (Research in the Sociology of Work, Volume 17)*, 403–435. Bingley: Emerald.
3. Wasson, C.(2004): *Multitasking during virtual meetings*. Human Resource Planning, 27, 47–60.

**49　潜意识**
1. Bumke, O. (1926): *Das Unterbewusstsein. Eine Kritik*. Berlin: Springer
2. Grünbaum, A. (1984): *The Foundations of Psychoanalysis: A Philosophical Critique*. Berkeley: California Press.